Lázaro Francisco Acosta Ruiz
María Cristina Pérez Lazo de la Vega
Melchor Rodríguez Madrigal

El proyecto de Ingeniería Mecánica

Lázaro Francisco Acosta Ruiz
María Cristina Pérez Lazo de la Vega
Melchor Rodríguez Madrigal

El proyecto de Ingeniería Mecánica

Metodológia de la Invetigación Tecnológica - Guia
de estudio con ejemplos resueltos

Editorial Académica Española

Publisher:
Editorial Académica Española
is a trademark of
Dodo Books Indian Ocean Ltd., member of the OmniScriptum S.R.L Publishing group
str. A.Russo 15, of. 61, Chisinau-2068, Republic of Moldova Europe
Printed at: see last page
ISBN: 978-613-9-46791-4

EL DESARROLLO DEL PROYECTO DE INGENIERÍA MECÁNICA
Guía Metodológica

Autores

Dr. Lázaro Francisco Acosta Ruiz

Dra. María Cristina Pérez Lazo de la Vega

Dr. Melchor Rodríguez Madrigal †

INDICE

Aclaración importante

Ha transcurrido casi una década desde que fue redactada esta obra, pero las necesidades docentes que le dieron origen siguen estando presentes como si no se hubiesen modificado en estos años los planes de estudio. Eso demuestra la intemporalidad de sus objetivos.

Pero debemos plantear aclara que no estamos ante un texto de Metodología de la Investigación Tecnológica –para qué más, hay muchos y muy buenos- y por tanto no sustituye a ningún libro de texto oficial, pero sí lo puede complementar, en tanto transita por senderos que no suelen aparecer en el contenido de gran parte de las obras que se ocupan del estudio de la Metodología de la Investigación Tecnológica.

Complementa la obra la inclusión de un anexo que incluye las láminas elaboradas por los autores para la Conferencia sobre Investigación Tecnológica e Innovación.

INTRODUCCIÓN

Luego de un cuidadoso análisis, que incluyó la consulta de los planes de estudio de importantes universidades a nivel mundial, y del intercambio de opiniones con especialistas de la industria mecánica del país y con experimentados profesores de nuestra facultad, se conformó una propuesta de modificaciones al currículo propio del plan de estudio de Ingeniería Mecánica, en la CUJAE, que fue sometida a la aprobación de la Comisión de Carrera y al Consejo Científico de la facultad, y posteriormente presentada ante el claustro.

El primer paso concreto para lograr la implementación adecuada y progresiva de los cambios propuestos, es lograr la unificación de criterios y procedimientos relacionados con el desarrollo de un proyecto de ingeniería. La presente guía tiene como propósito fundamental brindar a estudiantes, profesores y tutores involucrados en la asignatura *Proyecto de Ingeniería Mecánica I* (PIM I), las orientaciones generales para la planificación y ejecución de los proyectos, así como para la elaboración del informe correspondiente, asociado a la intención adicional de que los resultados favorables que se esperan trasciendan, bajo concepciones similares, a los proyectos del PIM II e incluso en la planificación y desarrollo de los trabajos de diploma

En su confección se han utilizado diferentes textos y artículos, tomados como fuentes directas, que aparecen consignados en la bibliografía al final de este documento. La principal dificultad ha radicado en encontrar un punto de contacto común que permita unificar criterios, no siempre coincidentes, respecto a la lógica normal que debe regir en la planificación de cualquier proyecto de ingeniería, que debe tributar a la componente investigativa declarada en el plan de estudio y al contexto docente sobre el que se desarrolla, en función de objetivos que a su vez responden al modelo del profesional.

Uno de los primeros aspectos a conciliar, para que todas las partes entiendan un mismo lenguaje, es establecer las diferencias entre <u>hacer Ingeniería</u> y <u>hacer Investigación tecnológica</u>. Sin ánimo de teorizar, pues no es el objetivo de este documento, es posible plantear, de manera simplificada, que la ingeniería se propone dar solución, esencialmente, a problemas prácticos, de carácter tecnológico, aplicando el método científico y los métodos particulares de las diferentes especialidades. En ningún caso importa la complejidad del procedimiento conocido a emplear; el ingeniero transforma la realidad haciendo ingeniería. Pero cuando este proceder natural no es posible materializarlo, porque surgen inconvenientes insalvables haciendo uso de los conocimientos conocidos, probados en la práctica; cuando el tránsito del *Estado real* al *Estado deseado* no se puede realizar haciendo «simple ingeniería», porque surgen contradicciones que conforman una situación problemática que obliga a explorar otras vías para alcanzar la solución, decimos entonces que estamos en presencia de un Problema de Investigación, de carácter tecnológico.

¿Qué se entiende por Proyecto?

Una segunda cuestión a formalizar es lo relativo al término «Proyecto». En general, hoy es común que la mayoría de los trabajos profesionales se planifiquen, a nivel internacional, bajo la concepción de proyectos técnico, es decir, forma organizativa del trabajo profesional plasmada generalmente en un documento complejo, en el que se describen de forma precisa todos los detalles necesarios para su desarrollo, y debe servir para **organizar**, **planificar** y **gestionar** este proceso.

Si unificamos ahora ambas líneas de pensamiento, es posible asumir entonces, al menos dos tipos de proyectos de ingeniería: el **Proyecto Técnico** convencional, que se ejecuta esencialmente *haciendo ingeniería*, en correspondencia con el modo de actuación del ingeniero; y el **Proyecto de Investigación Tecnológica**, que parte de identificar un *problema de investigación*, en el contexto de las Ciencias Técnicas, que es el que realmente nos ocupa, en relación con los objetivos del PIM.

Queda, sin embargo, un aspecto importante por considerar. Si partimos de la experiencia práctica, un proyecto de investigación no nace y concluye encerrado en sí mismo, sino que debe propiciar la génesis de nuevos proyectos que propicien la introducción de los resultados y abran paso a la fase de innovación tecnológica, derivada del proyecto madre. Esto supone la existencia de dos tipos de proyectos de carácter tecnológico, que se complementan entre sí:

- Proyectos de investigación tecnológica
- Proyectos de desarrollo

Visto así, a los efectos de los objetivos que se propone el PIM, que considera la inclusión de una componente investigativa, la presente guía metodológica solo va a considerar los aspectos relativos a la investigación tecnológica, que difiere por su carácter esencialmente docente, ya que los proyectos de desarrollo los vamos a encontrar generalmente vinculados a investigaciones avanzadas, implementadas a nivel de empresas o proyectos de primer nivel, y en tales casos los cronogramas para el desarrollo de las tareas técnicas suele ser complejo y desborda los límites que delimitan los objetivos del PIM.

En las páginas que siguen se resumen los aspectos conceptuales y formales que los estudiantes deben tener en cuenta en el desarrollo global de su proyecto, desde la fase de planificación y ejecución, hasta la redacción del informe final y la presentación oral de los resultados.

ORIENTACIONES GENERALES

Una parte importante del contenido de esta guía está directamente relacionado con los contenidos de la asignatura *Metodología de la Investigación Tecnológica*, que incluye ejemplos con el desarrollo de proyectos reales y su correspondiente análisis crítico, paso a paso, que pueden resultar de gran utilidad, como material de consulta, para la elaboración de los proyectos propios.

En el caso del PIM I, los estudiantes comienzan a familiarizarse con el proceso investigativo relacionado directamente con la especialidad. En correspondencia con las etapas del proceso investigativo y partiendo de la exploración de la realidad profesional, se procede a la estructuración del proyecto de investigación, que desde su concepción hasta su conclusión incluye, de forma parcial o general, los siguientes aspectos:

A) Exploración de la realidad. ⎫
B) Planificación del proyecto ⎬ **Génesis del proyecto**

C) Ejecución del proyecto. ⎫
D) Redacción del informe escrito del Proyecto o Tesis. ⎬ **Desarrollo por etapas**

E) Comunicación oral de los resultados. ⎬ **Defensa o presentación final**

F) Introducción de los resultados en la práctica. ⎬ **Nuevo proyecto, de desarrollo**

En las páginas que sigue se comentarán cada uno de estos componentes.

A) <u>EXPLORACIÓN DE LA REALIDAD</u>

No estamos en los tiempos en que alguno de los grandes pensadores de la humanidad, en uno de sus memorables momentos de creación, gesta un trascendental descubrimiento que trasciende hasta nuestros días; y aún así, es difícil de aceptar que una invención de la connotación de **la Rueda**, haya sido creada como resultado de la genialidad de una sola persona.

Es en la interacción con la realidad que, paso a paso, la obra humana va abriéndose un espacio; y es en esa <u>exploración de la realidad</u> que también se produce la génesis de un proyecto de ingeniería en nuestros días.

No obstante, puede ocurrir –y es algo específicamente cierto en el caso del PIM- que esa etapa de gestación llegue al estudiante ya realizada por el profesor o tutor que ha propuesto el tema, muchas veces vinculado a sus propias investigaciones.

De un modo u otro, la exploración de la realidad no es una etapa cerrada que sirve de punto de partida a un proyecto, sino que generalmente va más allá y se adentra en el proyecto mismo, especialmente en la fase de concreción del marco teórico, aspectos que serán tratados en páginas posteriores.

B) <u>PLANIFICACIÓN DEL PROYECTO</u>

La planificación de un proyecto debe abarcar todas sus etapas, desde el diseño teórico metodológico que vas a estudiar en la asignatura ***Metodología de la Investigación***

Tecnológica, hasta el cronograma de tareas que permite su ejecución y control, hasta su conclusión.

En el caso concreto del ***Diseño Teórico Metodológico*** de un proyecto, es nuestro propósito unificar su estructura, en relación con el PIM, considerando una secuencia lógica que considere los siguientes componentes:

1. **La fundamentación del problema**, la cual abarca el tratamiento del objeto de estudio y en consecuencia de la investigación, tanto a nivel teórico como de resultados de investigaciones que sobre el tema se hayan desarrollado. Se analiza primero a nivel internacional y se va trabajando diferentes niveles hasta que se llega al plano nacional y más aún al centro de trabajo donde se desarrolla el proyecto. Generalmente su redacción abarca de tres a cuatro cuartillas y debe brindar una breve síntesis de lo que se da en llamar "el estado del arte". La fundamentación debe terminar dando evidencias de la «contradicción» que genera la «situación problémica o problemática», que da origen al problema del cual emerge el proyecto de investigación. Se debe señalar la importancia de la temática a investigar. Este aspecto se vincula con la problemática que la origina y el impacto social de la investigación.

2. **El diseño teórico metodológico**, que debe incluir:

   - **PROBLEMA DE INVESTIGACIÓN**. En su redacción debe explicitarse la necesidad que genera la investigación. Para ello puedes preguntarte ¿Por qué hay que investigar? Lo que generalmente se identifica con una necesidad.

   - **OBJETO DE ESTUDIO (o de investigación)**. Es el área del conocimiento donde el investigador analiza información que le permita solucionar el problema. Para ello puedes preguntarte ¿Qué voy a investigar? Lo que constituye el universo de la información que se debe analizar para resolver el problema.

   - **CAMPO DE ACCIÓN**. A partir del objeto de estudio, se precisa un subconjunto de él. Es pues una parte del mismo, sobre la que el investigador centra su investigación. Para ello puedes preguntarte *¿Qué parte de ese universo voy a investigar?*
     <u>Aclaración</u>: Se debe señalar que hay autores que lo consideran a la inversa: el objeto como campo y el campo como objeto. Lo importante es estar claro que hay un universo sobre el que hay que buscar información y de él se va a estudiar una determinada cualidad, proceso, fenómeno, etc. que es subconjunto de ese universo.

   - **MARCO TEÓRICO**. Se puede resumir de la bibliografía consultada, que el marco teórico, o marco de referencia es la exposición y análisis de la teoría o grupo de teorías que sirven como fundamento para explicar los antecedentes e interpretar los resultados de la investigación.

El marco teórico debe ser concreto y preciso, y referirse específicamente al problema en cuestión; tiene diversas funciones dentro de una investigación, entre las que se encuentran las siguientes:

- Previene que se siga un camino incorrecto en el problema a investigar
- Orienta hacia dónde debe dirigirse la investigación
- Proporciona un marco de referencia que sustenta la investigación
- Contribuye a la definición correcta de las hipótesis
- Es fuente de nuevas líneas de trabajo científico

Por tanto, por la naturaleza y magnitud del contenido que aborda, <u>el marco teórico debe formar parte del capítulo I</u> de un proyecto o tesis, <u>no en la introducción</u>, es decir, en el diseño teórico metodológico que estamos describiendo, aunque sí es conveniente hacer un breve comentario al respecto en esa parte del documento, que permita tener una idea de los fundamentos teóricos sobre los que se desarrolla la investigación y como enlace natural entre objeto /campo y el objetivo del proyecto.

- **OBJETIVO GENERAL.** Da respuesta a ¿Para qué se va a investigar? En su redacción debe quedar clara la acción principal que el investigador va a realizar para resolver el problema de investigación, el para qué la va a realizar y a partir de qué. Puede desglosarse a continuación en objetivos específicos, de manera que tributen al cumplimiento del objetivo general, pero no es obligatorio. Deben formularse en infinitivo y sustantivar los restantes.

- **HIPÓTESIS** (si es posible) ó **PREGUNTAS CIENTÍFICAS o IDEA A DEFENDER.** Son las diferentes alternativas empleadas para solucionar un problema de investigación. Aquí se plantean las posibles respuestas que de manera anticipada el investigador propone como solución al problema en forma de proposiciones cuando de hipótesis de trabajo se trata. Si se utilizan las preguntas científicas entonces se descompone el problema de investigación en subproblemas cuyas soluciones tributen a su solución. Una tercera alternativa similar que también se admite es la idea a defender, que encierra en cierta manera una propuesta hipotética, pero menos abarcadora en posibilidades que la hipótesis.

- **CONCEPTUALIZACIÓN Y OPERACIONALIZACIÓN DE VARIABLES O DE TÉRMINOS CLAVES.** Las variables entendidas como propiedades o atributos del problema necesitan definirse, o sea, con qué concepto se identifican. También es necesario considerar las dimensiones y/o indicadores que permiten su medición.

- **TAREAS DE INVESTIGACIÓN.** Constituyen las acciones cognitivas y/o prácticas cuya realización precisa del empleo de métodos de investigación, orientadas hacia el cumplimiento del objetivo, corroborar o refutar la hipótesis (o dar respuesta a las preguntas científicas) y por consiguiente solucionar el problema de investigación. Marcan la lógica del proceso y deben orientarse hacia el resultado esperado. Para ello puedes preguntarte ¿Qué acciones intelectuales y/o prácticas debo desarrollar para cumplimentar el objetivo, corroborar o refutar la hipótesis o dar respuestas a las preguntas científicas según la vía utilizada para resolver el problema? Es necesario recordar que estas tareas no son necesariamente tareas técnicas, razón por la cual si se desea, se pueden señalar a continuación aquellas tareas técnicas que se consideren necesarias como apoyo al desarrollo del proyecto.

- **MÉTODOS DE INVESTIGACIÓN EMPLEADOS**. Son las vías a utilizar para desarrollar las tareas de investigación. En cada método debe aclararse para qué se usó y qué le aportó en el proceso investigativo.
- **POBLACIÓN Y MUESTRA.** Cuando existen procesos experimentales, es común la necesidad de especificar en términos estadísticos, sobre qué población, tamaño y selección de la muestra, así como las condiciones especiales en que se desarrolla el proceso, si así fuese.
- **METODOLOGÍA EMPLEADA** (en caso de que haya experimento, se incluye el tipo de experimento y las etapas o fases empleadas en su aplicación)

3. **Aportes y resultados esperados**.

Es importante que desde la introducción este aspecto quede declarado con precisión y debe estar en correspondencia con el objetivo del proyecto, aunque no es el objetivo. Es fácil identificarlo en el objetivo, ya que generalmente apunta hacia dónde orienta el objetivo.. Los Trabajos de Curso y de Diploma, en sentido general, se destacan por su significación práctica.

4. **Estructura general del informe**.

Da una visión resumida de los aspectos tratados en el informe, e incluye un breve comentario sobre: la introducción, los diferentes capítulos, conclusiones, recomendaciones, bibliografía y anexos.

Los elementos anteriores son los que suelen estar presentes como componentes de la planificación de un proyecto de investigación, a efectos del PIM. Se aclara esto porque es posible que se presenten algunas diferencias en el tratamiento dado por algunos autores. Sea de un modo u otro, esta etapa de planificación prepara el camino para la puesta en práctica de la ejecución del proyecto.

C) <u>EJECUCIÓN DE LO PLANIFICADO</u>

La ejecución del proyecto se realiza tomando como referencia el diseño teórico metodológico que se elaboró en particular lo relativo con las tareas de investigación, las cuales pueden llevarse a cabo en el orden que se indican en el proyecto o simultaneándolas según sea el caso, todo lo que depende de la naturaleza del problema a resolver con el proyecto. Se aplican los métodos de investigación declarados para desarrollar dichas tareas, y se van obteniendo resultados que tributan al cumplimiento del objetivo, la corroboración o refutación de la(s) hipótesis y en consecuencia la solución del problema planteado. Al desarrollo de estas tareas se le pueden incorporar las relativas a las tareas técnicas según corresponda.

Es común encontrar en los textos, artículos, etc., que tratan sobre el desarrollo de los proyectos, una serie de orientaciones que mezclan el proceso de ejecución con lo relativo a la redacción del documento final. En lo que respecta a la presente guía metodológica, existe la intención de separar ambas etapas. No es común que usted esté desarrollando tareas de un proyecto, y al mismo tiempo esté redactando el documento final.

Lo que sí es importante tener en cuenta, es que la fase de ejecución ocupa el mayor tiempo físico de desarrollo de un proyecto, y que es posible "intercalar" tareas o actividades que son resultado de la propia dinámica del proceso investigativo.

No obstante, es conveniente adelantar aquí que todo el proceso ejecutorio debe ser redactado con sumo detalle, de manera que permita estructurar adecuadamente y con la lógica del diseño de investigación elaborado, la redacción de los diferentes epígrafes que integrarán el cuerpo del informe, evidenciando la aplicación de la metodología empleada..

Es conveniente señalar que durante esta ejecución, pueden detectarse imprecisiones en algunos de los componentes del diseño o falta de relación entre ellos y entonces es necesario reajustar lo planificado.

A continuación se comentan dos aspectos que forman parte de la etapa de ejecución, y al mismo tiempo merecen un espacio en el documento final y que suelen considerarse como parte de las actividades de administración y control de un proyecto.

El cronograma o plan de trabajo. Diagrama de flujo.

No es posible desarrollar un proyecto paso a paso, si no se ha confeccionado el correspondiente cronograma de actividades, también denominado plan de trabajo, y a diferencia de la relación de tareas de investigación que se declaran en el diseño teórico metodológico, en el cronograma deñl proyecto sí deben relacionarse todas las tareas técnicas y administrativas, indicando prioridades, tiempo de ejecución a partir de fechas oficiales, y el nombre de la persona responsabilizada con cada tarea incluida en el plan. Existen diferentes métodos, incluso informatizados, que posibilitan esquematizar el cronograma de tareas, simp0lificando el trabajo de las personas que dirigen la investigación. Uno de esos métodos, basado en la construcción de un diagrama de redes, muy utilizado en proyectos de construcciones civiles, es el PERT.

Pero hay que señalar que, en el caso del PIM, su carácter eminentemente docente, centrado en un solo autor y no en un equipo de trabajo, no permite la ejecución física del proyecto, ni se trabaja por equipos de investigación. En tal caso, no es requisito incluir en el documento escrito el cronograma de la investigación, aunque sí se recomienda la inclusión de un esquema general o diagrama de flujo, que permita a los involucrados en la investigación hacerse de una idea de la interrelación existente entre los elementos que constituyen el proyecto.

Costos en la ejecución de un proyecto

Es básico considerar que un proyecto solo se puede ejecutar si se dispone del correspondiente presupuesto. En general, el presupuesto se declarará tanto en moneda nacional como en divisas, según corresponda.

También es necesario tener en cuenta la duración prevista para su desarrollo. En el caso de que la investigación se extienda más de 1 año, el presupuesto se declarará por cada año natural, así como el total general que se requiere.

Es común encontrar que el financiamiento de un proyecto provenga de más de una fuente. En tal caso, se debe precisar el monto que se solicita sea financiado por el programa o empresa que aprueba otorgar la asignación de fondos, en caso de ser aprobado, en tanto el resto del presupuesto será asumido por la institución ejecutora.

Aunque los cálculos de gastos etc., se realizan por procedimientos muy específicos, a los efectos del PIM se sugiere tener en cuenta las siguientes operaciones básicas.

- **Salarios de los investigadores, ingenieros, etc., según lo declarado en la plantilla.**

Se aplica la fórmula siguiente a cada grupo de personas en igual   condición:

$$c = n . s . t . d,\ \text{donde:}$$

c = costo salarial del personal investigativo

n = cantidad de personas en esa condición

s = salario mensual devengado

t = dedicación real de tiempo al proyecto (% expresado en decimal)

d = duración total de su trabajo (en meses)

El salario total será la sumatoria de los resultados de la aplicación de la formula a los distinto grupos de investigadores en igual condición.

Es conveniente recalcar que a este rubro no pertenecen las otras personas de la institución que se relacionan indirectamente con la investigación (secretarias, administradores, etc.), ni aquellas   personas que no son de la institución y a las cuales se les contrata para prestar un servicio específico.

- **Elementos de consumo.**

Se aplica la formula siguiente a cada elemento que se consumirá:

$$c = n \cdot p \qquad \text{donde:}$$

c = costo de elemento

n = cantidad de unidades

p = precio unitario

El costo total será la sumatoria de los resultados de la aplicación de la fórmula a los distintos elementos que se consumirán.

– **Equipos**.

Se aplica el precio de compra de cada equipo.

El costo total será la sumatoria del precio de compra de los equipos a adquirir.

– **Gastos varios por servicios**.

El costo se establece multiplicando la cantidad de unidades de producto o servicio necesarios por el precio unitario comercial promedio.

Este rubro comprende todos aquellos pagos por servicios específicos prestados por la institución, o por personas jurídicas diferentes a ella, tales como: servicio de tabulación de información, impresión de materiales, etc.

El costo total será la sumatoria de los resultados de la aplicación de la formula a los distintos servicios que se utilizarán.

– **Gastos indirectos**.

Su cálculo es por medio del factor multiplicador de costos indirectos propios de cada institución. Este factor multiplicador se aplicará al monto del salario del personal investigativo del proyecto.

Otros aspectos a considerar. El expediente del proyecto

Ya en párrafos anteriores se ha comentado que las complejidades de un proyecto real sobrepasan ampliamente a las que se deben tener en cuenta para un proyecto con objetivos docentes. No obstante, para conocimiento general, vale incluir aquí una relación de aspectos que también se tienen en cuenta en un proyecto real.

En general, todo proyecto de investigación (o desarrollo) de carácter profesional, implica contar con un <u>expediente</u> propio, en el que se deben conservar los originales de toda la documentación relacionada con el proyecto, y que incluye:

- Programa al que pertenece.
- Dictamen de aprobación.
- Nombramiento del Jefe del proyecto.
- Contrato firmado por las partes.
- Problema científico técnico y la fundamentación
- Diseño teórico metodológico, destacando el objetivo.
- Cronograma o plan de trabajo del proyecto.

- Personas involucradas. Currículo de cada uno o página de vida. Fondo de tiempo asignado.
- Resultados esperados. Publicaciones realizadas. Ponencias en eventos científicos, etc.
- Maestrías y doctorados en desarrollo, comprometidos con el proyecto.
- Actas de todas las reuniones oficiales realizadas.
- Copia de los informes de evaluación anual, emitidos en los balances del proyecto, y de todo documento de interés que merezca ser conservado, como memoria histórica del mismo, incluyendo los planos y documentos tecnológicos relacionados con el mismo.

Esta no es una relación cerrada. Dependiendo de la naturaleza del proyecto y el contexto o rama a la que pertenece y se desarrolla, pudieran relacionarse otras exigencias. En lo que respecta al PIM, el estudiante debe centrar su atención en los aspectos que se señalan en las indicaciones para la elaboración del informe escrito, que se presenta a continuación.

D) <u>ELABORACIÓN DEL INFORME ESCRITO</u>

Un texto de carácter científico se caracteriza por presentar un estilo en el que la redacción se realiza empleando oraciones cortas, que expresan ideas concretas, normalmente en tercera persona y empleando un lenguaje técnico y claro, sin calificativos respecto a personalidades y autores, ni utilización del lenguaje literario.

La estructura del informe (del Proyecto de Ingeniería Mecánica o del Trabajo de Diploma según corresponda) consta de tres secciones fundamentales: sección preliminar o de presentación; sección de desarrollo y sección de referencias.

1. <u>Sección preliminar o de presentación.</u>

   Comprende:

- **Hoja de presentación que debe contener**
- Institución que auspicia y en la que se presenta el trabajo.
- **Facultad y/o carrera.**
- Título del trabajo.
- Debajo del título debe especificarse el tipo de trabajo. Ejemplo: Trabajo de curso, Trabajo de diploma, Tesis en opción al Título Académico de Master en […] o Tesis en opción al Grado Científico de Doctor en […].
- Autor(a).
- Tutor(es). Nombre(s) y Apellidos. Centro de trabajo (si procede)
- Consultante(s). Nombre(s) y Apellidos. Centro de trabajo (si procede).
- Tutor(es) metodológico. Nombre(s) y Apellidos.

- Ciudad y año de presentación.

- **Agradecimientos** (Opcional)

- Pequeños textos que el (los) autor(es) redacta(n) a su gusto y estilo personal, dedicados a las personas o instituciones que en su opinión lo ameriten. Ocupa una página independiente.

- **Dedicatoria** (Opcional)

- Pequeños textos que el (los) autor(es) redacta(n) a su gusto y estilo personal, dedicados a las personas o instituciones que en su opinión lo ameriten. Ocupa una página independiente.

- **Declaración de autoría**

- Página con un texto breve en el que el autor declara ser autor de la obra y autoriza a la institución a hacer uso de su contenido.

  Ejemplo:

  Declaro que soy el único autor de este Proyecto y autorizo al Departamento de ________________________ y a la Facultad de Ingeniería Mecánica, para que hagan el uso que estimen pertinente con este trabajo. Para que así conste firmo la presente a los _________ días del mes de __________del año _______.

- **Opinión del tutor**

  Aquí el tutor debe expresar su criterio sobre los aspectos relacionados con el trabajo desde el punto de vista técnico, de cumplimiento de los objetivos y sobre el valor de la solución al problema y su aplicación en el centro:

- Calidad en la presentación del trabajo.

- Importancia del trabajo para el centro en que se realiza.

- Cumplimiento de los objetivos trazados.

- Calidad científico-técnica del trabajo realizado (resultados y documento) y expresar su opinión sobre el valor de los resultados obtenidos (aplicación y beneficios).

- Correspondencia de los objetivos trazados con las conclusiones del trabajo.

- Aplicación o grado de aplicación del trabajo.

- Aplicación de los conocimientos del estudiante en idioma inglés, informática, economía y medio ambiente.

- Valoración sobre la calidad y actualidad de la bibliografía empleada.

- **Resumen.**

  En idioma español e inglés (abstract).

  Síntesis del trabajo que se presenta, informando al lector, en no más de 250 palabras, sobre:

- Tema del trabajo

- Características del trabajo
- Necesidad y actualidad del trabajo (problema que resuelve).
- Objetivos concretos.
- Síntesis de los resultados más significativos

- **Palabras claves.**

  Se indican aquellas palabras o frases significativas para garantizar que en las búsquedas en la red, el trabajo tenga un buen posicionamiento e incremente las posibilidades que los posibles especialistas interesados puedan localizarlo. También se incluyen en inglés al final del abstract.

- **Índice.**

  El índice se inicia paginando la introducción, no incluye referencias a las páginas anteriores. Contiene los títulos de los capítulos y epígrafes, así como las conclusiones y recomendaciones y la bibliografía referenciada, todos con su correspondiente número de página. Si procede, también aparecen indicados los anexos con su número correspondiente, o englobados bajo el título de anexos.

  Es por ello que el índice es lo último que se realiza después de hacer todas las correcciones necesarias en el interior del informe, lo cual puede cambiar los números de las páginas.

  Aclaración:

  Para los trabajos científicos estudiantiles la extensión, según lo establecido por la Vice-Rectoría Docente, es de:

  _ Trabajos de Curso o Proyectos, mínimo de 20 páginas.

  _ Trabajos de Diploma, mínimo de 30 páginas.

  También debe considerarse lo relativo al tamaño de las hojas y el número de líneas permitido en cada una, que en sentido general suelen ser 30, escritas a espacio y medio o 2 espacios. Por lo general, la norma para la letra es ARIAL 12.

  Esta información se amplía en los párrafos que siguen.

- **Introducción**

  La introducción del informe final del proyecto la integran varios elementos señalados anteriormente en la planificación los cuales se presentan a continuación:

- La fundamentación del problema.
- El diseño teórico y metodológico.
- Los aportes y resultados esperados.
- Estructura general del informe.

  En la parte (E) de esta Guía, se incluyen dos ejemplos reales, en los que el estudiante puede analizar la interacción que debe existir entre los distintos componentes del informe y especialmente entre los correspondientes al diseño teórico metodológico.

2. <u>**Sección de desarrollo**</u>

Puede subdividirse por capítulos y éstos a su vez contener diferentes epígrafes. Cada capítulo debe tener un título que refleje la esencia del mismo y debe estar justificado por un contenido sustancial.

<u>En un primer capítulo</u> debe concretarse el marco teórico. Este incluye los fundamentos teóricos que sustenten la solución del problema y no deben faltar fundamentos teóricos ni aparecer otros que se alejen del objeto, campo y objetivo propuesto.

Debe incluir además un análisis bibliográfico y valorativo de los criterios autorales, llegando a elaboraciones personales y cuidando de dar un tratamiento ético a los autores consultados, lo que constituye el "Estado del Arte" de la investigación.

Es importante recordar que toda cita textual de cualquier autor/a que aparezca en el informe debe entrecomillarse y referenciarse con todos los datos necesarios que deben estar en la ficha de contenido (ver sección de referencias).

Hay distintas formas de hacer las referencias de las citas: a pie de página; mediante número consecutivo por orden de aparición en el trabajo; y otras formas también válidas. Lo importante es ser consecuente con una norma oficial o estilo asumido, sin violentar la forma de uso. Las citas a pie de página tiene la ventaja de que orientan al lector o lectora de forma rápida y cómoda, sin tener que buscar al final del informe una página de referencias o la bibliografía. Esta última forma ejemplificada tiene la ventaja de que si se realizan cambios no hay que modificar ningún aspecto en relación con las citas.

Cada capítulo debe finalizar con una conclusión parcial, que destaque lo esencial abordado en el mismo. (No confundir con un resumen).

<u>En un segundo capítulo</u> pueden aparecer tanto el diagnóstico del estado real del problema como una propuesta de solución. En otros epígrafes se puede describir la propuesta concreta y hacer un análisis de la aplicación de la misma, así como de los resultados obtenidos durante la ejecución de las tareas.

En el caso de haber trabajado con hipótesis, debe validarse o refutarse en dependencia de los resultados obtenidos. En la actualidad es frecuente trabajar con preguntas científicas, aunque en el caso de las Ciencias Técnicas, generalmente se utiliza la hipótesis. En éste caso se hace necesaria su fundamentación científica y su comprobación práctica.

Es importante evaluar en este capítulo los diferentes indicadores determinados a partir de la conceptualización inicial (elaborada o asumida) de las variables trabajadas teóricamente y de forma práctica. Si se realizó experimento puede hacerse un análisis por etapas y final.

Teniendo en cuenta la complejidad del tema, es posible dedicar más de un capítulo a la descripción y análisis de esta parte del documento,

15

Debe cuidarse el balance entre los capítulos y epígrafes, tanto en extensión como en profundidad. No es aconsejable subdividir un capítulo en muchos epígrafes, pues el contenido se diluye grandemente y la fragmentación, en ocasiones, limita la profundidad de los análisis de los aspectos esenciales.

Teniendo en cuenta este criterio se evaluará la conveniencia o no de dedicar <u>un capítulo final</u> para el estudio de factibilidad, la validación de la propuesta y el análisis de los resultados, o incluir en el penúltimo capítulo esa valoración y otros aspectos vinculados a la presentación de los resultados.

Reiteramos que no es obligatorio, pero se estila incluir al final de capa capítulo conclusiones parciales.

A continuación se presentan <u>las conclusiones</u> finales, que deben expresar, en ideas generalizadoras, los diferentes aspectos del tratamiento del objeto para lograr el objetivo y dar solución al problema. Un ejercicio que te puede ayudar a elaborar las conclusiones es volver al diseño teórico y analizar cada tarea planteada, reflexionar cuál es la idea generalizadora o conclusión de la tarea y redactarla. Lo que no debe suceder es que haya una tarea cuyo resultado no se refleje en alguna conclusión, así como no debe existir alguna conclusión que no esté debidamente asociada al menos a una tarea.

Seguidamente deben aparecer las recomendaciones que se derivan de los resultados y conclusiones. Estas recomendaciones generalmente se redactan pensando en los futuros investigadores o especialistas interesados en el trabajo, señalando aspectos que no fueron tratados a profundidad o que pueden resultar interesantes para ampliar el contexto de la investigación.

3. **<u>Sección de referencias</u>**

En esta sección deben aparecer las referencias de las citas textuales o no de otros autores utilizadas en el informe, si es que no se utilizó otra forma de hacer la referencia de las ya explicadas. Las referencias se indican según la norma asumida. En el caso del Proyecto de Ingeniería Mecánica (PIM), no deben aparecer por orden alfabético, sino por el orden de aparición en el informe a partir del cual se les va otorgando un número sucesivo, entre corchetes. La referencia lleva: Autor. Título. Editorial, Ciudad, año, # de página.

Forma parte también de la sección de referencias, la bibliografía consultada. Esta debe aparecer por orden alfabético y siguiendo los requisitos de la norma internacional asumida. Todos los textos que se han consultado forman parte de la bibliografía, aunque hayan sido citados en las referencias. La Comunidad científica o Consejo científico puede estipular la adopción de una norma específica o permitir que el/la investigador/a seleccione cual adoptar. En el caso del PIM, se considera conveniente emplear la norma que al respecto se establece en la Revista de Ingeniería Mecánica, de la CUJAE.

A continuación se muestran ejemplos para diferentes tipos de fuentes.

- **Un libro:**
- [1] De Marco, T. *Structured analysis and system specification*. Segunda edición. Prentice Hall, New Jersey, 1979.
- **Un artículo:**
- [1] Meuker, J. *Search strategy and selection function for an Inferential Relational System*. ACM transactions on Data Base Systems, Vol. 3, No.1, March 1978.
- **Un manual:**
- [1] Turbopascal: *Manual del usuario*. Centro de Automatización de la Marina de Guerra Revolucionaria, Ciudad de la Habana, 1986.
- **Un sitio en redes de computadoras (se coloca la fecha de la visita):**
- [1] Bruckman, Amy. *Approaches to Mananging Deviant Behavior in Virtual Communities*. ftp://ftp.media.mit.iu/pub/asb/papers/deviance-ched94 (4/12/94).
- [2] Gomes, Lee. *Xerox's On-Line Neighborhood: A great Place to Visit*. Mercury News, 3/5/92. telnet://lambda.parc.xerox.com 8888, @go #50827, press 13 (5/12/94).
- **Una tesis:**
- [1] Nogueira, A. *GRAPHEDIT: un editor-optimizador de grafos*. Trabajo de Diploma para optar por el título de Ingeniero Informático, Instituto Superior Politécnico "José Antonio Echeverría", Ciudad de la Habana, junio 1999.

Glosario de Términos

- Listado de términos ordenados alfabéticamente, que son usados en el trabajo y cuyo significado es poco conocido o requiere de aclaraciones. Se indica para cada término su significado.

Anexos

El último aspecto de esta sección lo constituyen los anexos. Todos los instrumentos de investigación utilizados deben anexarse. Es oportuno recordar que se consideran instrumentos de investigación las guías de observación, los cuestionarios con las preguntas de la encuesta o entrevista, entre otros. Además pueden constituir anexos documentos o parte de los mismos que revistan importancia para la comprensión del informe. También pueden anexarse tablas de datos, gráficos o esquemas que ilustren los análisis que se hagan en el cuerpo del documento escrito, pero no deben incorporarse anexos innecesarios o no esenciales.

E) COMUNICACIÓN ORAL DE LOS RESULTADOS

Algunos de los indicadores que el tribunal considera en las sustentaciones o defensas de trabajos científicos son:

a) Logro del objetivo propuesto.

b) Lógica de la exposición.

c) Claridad y precisión en la exposición.

d) Ajuste al tiempo.

e) Capacidad para responder las preguntas del tribunal y oponente(s).

f) Calidad de los medios empleados.

g) Utilización de los medios.

Para ello es importante que en esta presentación oral quede explícito:

h) Título.

i) Importancia del tema.

j) Situación contradictoria que generó la investigación

k) Diseño teórico metodológico.

Fundamentalmente: el problema, el objetivo, la hipótesis ó preguntas científicas y las tareas de investigación.

l) Síntesis de qué se hizo, cómo se hizo y qué resultado se obtuvo (en la exposición debe dedicarse tiempo suficiente a explicar el aporte, pues en él radica la relevancia del trabajo).

m) Conclusiones y recomendaciones (se leen)

....

EJEMPLOS ILUSTRATIVOS

A continuación se presentan dos ejemplos, de temáticas distintas, que muestran al estudiante cómo llevar al documento escrito la interrelación entre los diferentes componentes del diseño teórico metodológico de un proyecto de investigación. Por supuesto, no existen recetas ni respuestas rígidas a cada componente de un diseño de investigación, y por tanto el estudiante debe evaluar estos ejemplos como propuestas aceptables, en tanto se ajustan a la lógica de planificación que estamos recomendando, y se ofrecen modificaciones a aspectos de esos diseños que pueden ilustrar o ayudar a razonar en situaciones similares. Además, la versión final del diseño teórico metodológico de un Proyecto (que en realidad es normal que haya sufrido modificaciones durante su ejecución), que constituye íntegramente la «Introducción» del mismo, siempre debe recibir el aval del tutor o tutores del trabajo, en tanto que el texto del proyecto (completo) debe contar con la aprobación de las instancias administrativas a las que corresponde autorizar su puesta en marcha.

Con el objetivo de simplificar el texto de los ejemplos que aquí se incluyen, se han omitido aquellos aspectos o componentes puramente formales, que son ajenos al Diseño Teórico Metodológico (por ejemplo, la declaración de autoría, el resumen, etc.) y se ha simplificado el texto de las fundamentaciones, considerando el objetivo didáctico que se persigue. Además, por razones éticas y teniendo en cuenta el carácter docente de esta guía, se omiten además la autoría y tutoría de los trabajos tomados como ejemplos ilustrativos.

No obstante, como complemento a esta guía el estudiante tiene acceso a una selección de trabajos de Proyectos reales, defendidos en cursos anteriores, cuyos ficheros están disponibles en la Web-Moodle del PIM, de la Facultad de Ingeniería Mecánica, aunque en estos casos se debe tener en cuenta que, en general, son los ficheros de la versión final presentada por el aspirante, y por tanto no incluyen la corrección de posibles deficiencias y señalamientos importantes que pudieran haber sido señalados en el acto de defensa de estos trabajos.

<u>Estructura de los ejemplos.</u>

Cada ejemplo está integrado por:

a) La «Introducción» del trabajo original (Proyecto PIM, Diploma o Maestría) sin modificaciones o eliminando algunas ideas o párrafos no esenciales para el objetivo que persigue el ejemplo.

b) Los comentarios o valoración crítica que se hace al texto original. Esa valoración crítica puede haber sido realizada por un estudiante de tercer año, como parte de una tarea de la asignatura Metodología de la Investigación Tecnológica; o por los profesores de la asignatura, al evaluar el análisis crítico realizado por el estudiante en la tarea en cuestión.

De esta manera se ofrece la triple visión en torno al trabajo objeto de valoración, dando margen para que el estudiante (o los profesores tutores) que utilicen estos ejemplos como referencia en el PIM, puedan también sacar sus propias conclusiones.

Siguen a continuación los ejemplos seleccionados.

Ejemplo 1

Título: Valoración de la sustitución del refrigerante R-22 en una planta de hielo.

Texto original de la Introducción (diseño teórico metodológico) obviando contenidos no esenciales para los fines docentes del ejemplo.

Fundamentación.

La destrucción de la capa de ozono constituye uno de los problemas medio ambientales más graves en la actualidad. El ozono presente en la estratósfera, forma una capa que protege al planeta de los rayos ultravioletas, los cuales son nocivos en altas dosis. El hombre ha desarrollado productos capaces de generar sustancias, que al llegar a la capa de ozono pueden deteriorarla, con peligro para la vida de los seres vivos.

El uso de refrigerantes en el mundo ha contribuido, de manera significativa, al deterioro ambiental global, conduce a la destrucción de la capa de ozono y a la generación del efecto invernadero.

Hoy existen muchos cambios en el mundo de la refrigeración y la climatización, aunque es en el área de la refrigeración donde se encuentran, actualmente, los cambios más críticos.

El Grupo Empresarial de Industrialización y Distribución de la Pesca (INDIPES) cuanta con 19 empresas, distribuidas por todo el país, las cuales cuentan con un total de 44 plantas de hielo que apoyan el desarrollo de la actividad de la captura acuícola. De estas plantas, 40 trabajan con R22 y 4 con amoniaco; de las mismas 20 son chinas, 15 Berotz y 9 de otras marcas.

Actualmente estas plantas en su mayoría trabajan con R22, un refrigerante deficitario en su comercialización, que afecta la capa de ozono, por lo cual es importante realizar un estudio puntual para valorar la posibilidad de su sustitución. Se propone realizar el análisis técnico y económico.

El hielo, la congelación y el almacenamiento determinan el buen funcionamiento de la industria y definen la calidad de los productos terminados, ya que los productos conformados y el pescado son altamente perecederos ante los embates de los microorganismos y las altas temperaturas de nuestro clima.

Existe una amplia gama de tecnologías de refrigerantes alternativos que, como su nombre indica, representan una alternativa a la refrigeración convencional, basada en el uso de los nocivos CFC (compuestos por cloro, fluor y carbono) de dañino efecto sobre la capa de ozono. Entre los refrigerantes de tipo alternativo se encuentran el 134a, 404a, 407C, 410a y 427a.

*Del análisis de la problemática expuesta, surge el **problema científico** siguiente: realizar la sustitución del refrigerante R22 en las plantas de hielo, por el refrigerante ecológico más idóneo.*

*Se define como **idea a defender** la siguiente: el remplazo del refrigerante R22 por uno ecológico, resultaría más económico que la compra de una planta de hielo nueva.*

*El **objeto de estudio** lo constituye la profundización de las características de los refrigerantes y de las propiedades de trabajo de la planta de hielo, así como la determinación del freón específico para la reconversión. El **campo de acción** lo compone la planta de hielo de la empresa (Mamposton), perteneciente al grupo empresarial INDIPES.*

*Para guiar el curso de la presente investigación se plantea como **objetivo general**: evaluar y fundamentar las modificaciones que introduciría la sustitución del R22 por un refrigerante ecológico apropiado.*

*De este se derivan los siguientes **objetivos específicos**:*

- *Investigar las características principales y usos de los refrigerantes*
- *Seleccionar el refrigerante ecológico más eficiente y viable para el adecuado funcionamiento de la planta de hielo.*
- *Determinar las características técnicas de las plantas de hielo.*
- *Realizar los cálculos que determinen la factibilidad de trabajo en la planta.*
- *Analizar el costo económico de la sustitución por el nuevo refrigerante.*
- *Evaluar la sustitución del refrigerante con respecto a la compra de una planta de hielo nueva.*

*Para dar cumplimiento a este objetivo se han establecido las siguientes **tareas investigativas**:*

- *Comprender a profundidad las características de los diferentes refrigerantes.*
- *Recopilar información sobre los usos, ventajas y desventajas de los refrigerantes.*
- *Comparar cuantitativa y cualitativamente las propiedades de los distintos freones a utilizar.*
- *Examinar las necesidades existentes de sustitución de otros componentes del sistema de refrigeración según el refrigerante escogido.*
- *Realizar un estudio de todos los componentes de la planta de hielo.*
- *Realizar los cálculos que profundicen en el régimen de trabajo de los diferentes componentes del sistema de refrigeración, acorde al freón seleccionado.*
- *Formalizar una investigación del costo monetario de los componentes a sustituir.*

> *– Confrontar cualitativamente los costos económicos de la sustitución del refrigerante, con respecto a la compra de una planta de hielo nueva.*
>
> *El presente trabajo consta de una introducción, tres capítulos, conclusiones generales, recomendaciones, referencias bibliográficas utilizadas y los anexos que complementan el cuerpo del trabajo.*

Comentario analítico:

- **Sobre la fundamentación**

No se hace referencia sobre cuál es la situación mundial en el propósito de sustituir los refrigerantes que son dañinos para la capa de ozono por otro refrigerante ecológico y así acercarse más objetivamente al punto deseado, que es el de preservar el medio ambiente manteniendo buenos resultados, en este caso, en la rama de la refrigeración.

Si bien se plantea que actualmente en el mundo, se están haciendo grandes reformas en el ámbito de la climatización y sobre todo en la refrigeración, no se especifica en cuáles países, ni desde que años más o menos han comenzado estas reformas, etc.

Por otra parte en el ámbito nacional tampoco se expone si se conocen estudios con el objetivo de cambiar estos refrigerantes, o estudios en los cuales se revelen datos precisos del daño causado al medio ambiente por las maquinas existentes en el país en ese momento.

De la forma en que está redactado da la impresión de que la problemática de la sustitución es resultado de que el R22 es un refrigerante deficitario en su comercialización, y no específicamente porque afecta al medio ambiente.

Debido a que no hace referencia a otras investigaciones que brinden información al respecto de este tipo a nivel nacional o internacional, no se hace referencia de tendencias que hayan existido o de resultados obtenidos en otros casos.

Finalmente, en la fundamentación no se plantea explícitamente cual es **la contradicción** que origina el problema de investigación. Esta pudiera darse:

> *Entre el uso intensivo que se hace en Cuba del refrigerante R22, en las plantas de hielo del país, y las dificultades que surgen ante la necesidad de sustituirle por un refrigerante ecológico que no deteriore más la Capa de Ozono y sea económicamente factible.*

- **Sobre el problema de investigación**

Como anteriormente no quedó explícitamente planteada la contradicción, no se siente en el texto la necesidad de llevar a cabo una investigación para lograr implementar la sustitución planteada. Como quiera que no se trata de sustituir arbitrariamente un refrigerante por otro, sin un estudio previo para determinar el más conveniente; y por otra parte, ni siquiera se sabe qué es más conveniente: ¿hacer la sustitución o comprar plantas de hielo nuevas?

Partiendo de este análisis, el **problema de investigación** podría quedar expresado de la forma siguiente:

> *Por razones medio ambientales, se requiere realizar la sustitución de los gases contaminantes que utilizan las plantas de hielo del Grupo Empresarial INDIPES, así como determinar si es factible económicamente emplear un refrigerante ecológico de elección o definitivamente optar por la compra de nuevas plantas de hielo.*

Este problema podía haberse expresado en términos de una pregunta.

> *¿Cómo realizar la sustitución de los gases contaminantes que utilizan las plantas de hielo del Grupo Empresarial INDIPES, por un refrigerante ecológico de elección, que sea económicamente factible; o definitivamente optar por la compra de nuevas plantas de hielo?*

- **Sobre el objeto de estudio**

Lo primero que hay que aclarar es que, en el documento original, se incluye, en este momento, *"la idea a defender"*, pero esto rompe con la lógica natural de abordar la planificación de la investigación. No es posible precisar una *idea a defender,* sobre algo que aún no hemos precisado en qué contexto de la ciencia se encuentra situado; es decir, el objeto de estudio, el campo de acción y el objetivo a alcanzar. Esos tres componentes, en ese orden, deben ir por delante.

En este caso, el objeto de estudio no queda correctamente delimitado, porque se identifica con la acción «profundización» y por tanto no está expresado como parte de un proceso cognoscitivo, es decir, ciencia constituida en torno al problema.

De acuerdo con esto, un objeto de estudio perfectamente enmarcado pudiera ser, por ejemplo:

> *Proceso de sustitución de refrigerantes, por otro de tipo ecológico, en las plantas de hielo.*

Observe que no se ha delimitado el estudio a un ámbito local. Tampoco se especifica un tipo de refrigerante, porque esa decisión solo se tomará después de que se realice la caracterización y análisis correspondiente.

- **Sobre el campo de acción**

El autor del documento no tiene claro que el Campo, es decir, el centro de su atención en tanto investigador, es obviamente un subconjunto del objeto de estudio. De acuerdo con esto, considerando el objeto declarado en la versión original, tal pareciera que objeto y campo están invertidos. Esto pudiera suceder si al autor que se asume así lo considera, pero recuerde que se está asumiendo el objeto como el universo, lo macro y el campo como lo micro.

Asumiendo que en este caso el objeto de estudio se enmarca en el proceso de sustitución de refrigerantes, entonces es posible delimitar el campo de acción como:

> *Procedimiento de sustitución del refrigerante ecológico de elección, por el R22, en las plantas de hielo de Cuba*

En este caso si se está delimitando el campo al contexto específico donde se ejercerá la acción de sustitución, con la salvedad adicional que ha sido sustituida la palabra «proceso» por «procedimiento», considerando que

- **Sobre el objetivo de la investigación**

Como consecuencia de los cambios introducidos, lo normal es que el objetivo o acción fundamental del investigador, debe sufrir modificaciones. En este caso, se puede expresar como:

> *Determinar a partir de sus características y propiedades, cuál es el refrigerante más apropiado en las condiciones de Cuba, como posible sustituto del R22 que se utiliza en las plantas de hielo del Grupo Empresarial INDIPES, indicando además el procedimiento tecnológico a seguir para efectuar la sustitución.*

- **Idea a defender**

En el tipo de investigación eminentemente cuantitativas que se emplea corrientemente en muchas investigaciones de Ciencias Técnicas (a diferencia de las de tipo cualitativas, más frecuentes en algunos ramas de las Ciencias Pedagógicas y Ciencias Sociales) es común «guiar» el proceso investigativo empleando proposiciones hipotéticas, consideradas como una especie de solución adelantada del problema.

Sin embargo, en este caso se ha optado por la variante de «idea a defender», que resulta insuficiente en su formulación porque no se corresponde con el objetivo de la investigación planteado. Una propuesta aceptable es aquí la siguiente:

> *El conocimiento de las características y propiedades de los refrigerantes ecológicos disponibles y económicamente factibles, y los aspectos a tener en cuenta en un procedimiento para la sustitución, permiten la eliminación del refrigerante R22 en las plantas de hielo del país.*

- **Sobre las tareas de investigación**

Uno de los aspectos más deficiente de este diseño de investigación radica en las tareas de investigación, que en realidad resultan ser, en general, solo una relación tareas técnicas. Esta es una de las deficiencias que se presentan con más frecuencia, no queda clara al ingeniero sin habilidades investigativas, la diferencia entre una tarea técnica (por ejemplo, hacer mediciones técnicas de diferentes tipos para determinar el estado técnico de un equipo) y una tarea de investigación (diagnosticar el estado actual de un equipo, mediante una serie de mediciones técnicas). Aparentemente puede significar lo mismo, pero hay conceptualmente diferencias importantes.

Una tarea de investigación correctamente formulada puede agrupar diferentes tareas técnicas asociadas; pero también puede ser una tarea técnica compleja, como por ejemplo, la determinación de un modelo matemático, o el diseño de un elemento mecánico. En cualquier caso, las tareas de investigación se ejecutan utilizando métodos de investigación.

En el ejemplo dado, prácticamente tendría que reducirse el número global de tareas, a partir de agrupar aquellas que mantienen cierta interrelación. Por ejemplo, no se declara ninguna tarea inicial relacionada con la familiarización con el objeto de estudio, que pudiera incorporar el estudio (y no investigar, como dice el documento) de las características de los refrigerantes. Existen además un grupo de tareas que suponen cálculos, cuando lo que se debe declarar es «determinar los parámetros para...» Aparecen además tareas del orden económico. En este caso son válidas, pero debían agruparse bajo una tarea de investigación relacionada con la factibilidad económica de realizar la sustitución, empleando cierto tipo de refrigerante ecológico previamente seleccionado. Pero no se considera como tarea de investigación la normal valoración económica de los costos de un proyecto, que es aspecto a considerar en un epígrafe dedicado a ese propósito, probablemente en el último capítulo del proyecto o tesis.

- **Sobre los métodos de investigación y otras omisiones**

Finalmente, el ejemplo considerado omite la especificación de los métodos de investigación empleados en las diferentes tares de investigación, así como los resultados esperados. Pudiera parecer trivial, pero el hecho cierto es que cada tarea do invoctigación supone la utilización de uno o más métodos de investigación, teóricos, empíricos y estadísticos.

Es interesante imaginar aquí una situación compleja que se pudiera presentar (de hecho es un caso real), que desborda la investigación del contexto puramente técnico, al social. En una situación análoga el refrigerante seleccionado fue el amoniaco, que por su supuesta peligrosidad goza de una fama negativa dentro de la ciudadanía. Por esa razón, una de las principales tareas del proyecto al que hacemos referencia consistió en educar a la población, mediante propaganda impresa, charlas programadas en centros de trabajo, escuelas secundarias, etc. entrevistas para conocer el estado de opinión y el conocimiento de la población sobre el tema, etc. Todo lo anterior agrupado bajo un tarea de investigación: educar a la población de las áreas urbanas cercanas a la instalación, sobre las garantías que ofrece el amoniaco cuando es correctamente manipulado, así como las consecuencias mínimas que pudieran afectar a las personas y al medio ambiente, en caso de producirse un escape accidental.

Sigue a continuación un ejemplo muy relacionado con problemas típicos de la Ingeniería Mecánica.

Ejemplo 2

Título: Influencia de la microestructura en la modelación de la rotura por fatiga
Texto original de la Introducción, resumido para los fines docentes del ejemplo.

Fundamentación.

En ocasiones, se tiene la experiencia de apreciar el fallo o el deterioro prematuro de equipos o elementos de máquinas. A no ser que un equipo sea muy específico, no es inusual contar con varios equipos similares instalados en una misma empresa u organización. Cuando uno de estos falla, resulta conveniente investigar y analizar el problema inicial en detalle, con el objetivo de prevenir fallos similares. Si esto es posible, el adelanto que se obtiene entonces, cobra gran importancia en términos del uso efectivo de los recursos de dicha empresa.

Cuando un fallo ocurre, algunas pérdidas (grandes o pequeñas) se generan. Estas pueden ser directas o indirectas. Dentro de las pérdidas directas se encuentran aquellas relacionadas con los costos de reparación, de compensación (si el fallo conduce a un accidente en el que resulta herido el personal que labora en el centro, o resulta dañado el medio ambiente de la comunidad que se encuentra en las inmediaciones), así como el daño directo a los productos. Dentro de las pérdidas indirectas se encontrarán entonces, aquellas que resultan de la disminución de la producción, así como el daño a la imagen de la empresa. Por tanto, cuando tiene lugar un fallo, es necesario esclarecer las causas que lo provocan, para tomar medidas que eviten incurrir periódicamente en el mismo.

Existe una gran cantidad de sistemas mecánicos sometidos a los efectos de la fatiga de contacto, tales como engranajes, rodamientos, cilindros laminadores o ruedas y rieles de ferrocarril. Se considera que aproximadamente el 75 – 80% de los fallos se deben al efecto de la fatiga, por lo que el estudio de la misma cobra gran importancia, pues posibilita estimar de manera precisa la vida útil de un equipo o elemento de máquina, a partir de conocer las características mecánicas y metalográficas de los mismos, así como, las condiciones de explotación a las que será sometido.

Debido a la importancia económica que tienen los efectos de la fatiga de contacto, este trabajo está dirigido al estudio de tal tipo de fatiga, con el objetivo de obtener expresiones que permitan estimar la vida útil de elementos mecánicos sometidos a los efectos de la misma, ya que esta tiene un impacto significativo en el plazo de servicio de dichos elementos de máquinas. A escala mundial, han sido realizados estudios sobre fatiga y rotura de materiales de ingeniería.

Hay referencias acerca de la influencia de inclusiones duras, así como de tratamientos termoquímicos, sobre el comportamiento del acero sometido a fatiga de contacto. No obstante, no se ha logrado una unificación de criterios, existiendo diversidad de teorías, las cuales, de manera individual, dan respuesta al comportamiento de determinadas variables, pero no explican de manera general el comportamiento de otros parámetros, resultando insuficientes dichas teorías al analizar un problema real.

Por tanto, debido a la complejidad de la temática abordada, resulta conveniente dividir el estudio de la misma, en diferentes etapas, cuyo cumplimiento permitirá alcanzar el objetivo de esta investigación, de manera satisfactoria. Para ello, y con el fin de obtener resultados satisfactorios, es necesario recurrir a la aplicación de la metodología de la investigación científica, la cual permite establecer la línea de trabajo a seguir. A continuación se plantean los elementos de dicha metodología.

Situación Problémica: *El nivel de especificidad de los modelos matemáticos que se emplean actualmente, no permiten predecir el comportamiento de los materiales, sometidos a cargas de contacto, considerando la influencia de la microestructura.*

Problema Científico: *¿Cómo predecir el comportamiento de los materiales, bajo carga, sometidos a fatiga de contacto realizando el mínimo de experimentos, de manera que se pueda precisar el momento oportuno para la sustitución de elementos de máquinas construidos con esos materiales?*

Objeto de Investigación: *El comportamiento de los materiales, bajo carga de contacto, considerando la influencia de la microestructura.*

Campo de Acción: *Un modelo matemático para predecir el comportamiento de cualquier material sometido a fatiga de contacto.*

Objetivo de la Investigación: *Elaborar un modelo matemático que permita predecir la vida útil de elementos mecánicos sometidos a fatiga de contacto, considerando los elementos componentes de la microestructura.*

Teniendo en cuenta la situación problémica, así como el problema científico a resolver, se propone como hipótesis el siguiente enunciado:

Hipótesis: *Modelo matemático que considere los parámetros: límite de fluencia, módulos de elasticidad de primer y segundo orden, coeficiente de Possion, carga actuante y la microestructura (magnitud del defecto), que permite predecir el comportamiento de los materiales bajo cargas de contacto y posibilita determinar el momento oportuno para la* *sustitución de elementos de máquinas construidos con esos materiales.*

*Una vez establecido el campo de acción, así como el objetivo de la investigación, es factible entonces, proceder a plantear y ejecutar las siguientes **tareas de investigación**, siguiendo una secuencia lógica:*

1. *Análisis de la información relacionada con el objeto de investigación, fundamentalmente:*

   Factores que influyen.

   Teorías que existen.

   Tendencias.

2. *Determinación de los fundamentos y consideraciones teóricas a que está sujeto el objeto de investigación.*

3. *Determinación de los parámetros que intervienen en el comportamiento de los materiales sometidos a fatiga de contacto.*

4. *Elaboración del modelo matemático.*

5. *Validación del modelo matemático.*

Métodos de Investigación.

Teóricos:

Inducción - Deducción: *Partiendo de los modelos específicos de los distintos autores y mediante la modelación matemática, es posible elaborar un modelo, cuyo carácter general, permite su aplicación, con independencia del material analizado.*

Análisis y Síntesis: *Permite determinar las tendencias actuales en torno a la temática, las teorías que existen y los parámetros que intervienen en el comportamiento de los materiales sometidos a fatiga de contacto, lo cual, ayuda a establecer los fundamentos teóricos para la elaboración del modelo matemático.*

Resultados Esperados:

Se espera obtener un modelo matemático que explique cómo se originan las grietas, permitiendo determinar la influencia de las cargas de contacto, así como de la microestructura, para predecir, de manera precisa el comportamiento de los materiales sometidos a fatiga de contacto.

<u>**Comentarios:**</u>

El trabajo presenta una **fundamentación** apropiada, aunque en la dinámica del proceso investigativo siempre es posible hacer precisiones y mejorar, en general, los componentes del diseño teórico y metodológico de un proyecto, trabajo de diploma, etc.

Al analizar el **problema científico**, se observa que presenta una deficiencia que es común en la formulación primaria que suele hacer el investigador: evidenciar la respuesta o parte de ella, en la redacción del problema. Esto es así porque, en alguna medida, problema y posible vía de solución conviven en la fase de situación problemática , en la mente del especialista. Pero es claro que si en la formulación de un problema científico se evidencia la solución, entonces nada tendremos que investigar, simplemente ya sabemos lo que hay que hacer para dar solución al "problema".

En el caso que nos ocupa, si nos adelantamos y observamos la solución, es decir, el objetivo de la investigación, veremos que este declara "predecir" el comportamiento de los materiales mediante un modelo matemático. Por tanto, el término <u>predecir</u> está adelantando parte de la solución desde el planteamiento del problema.

Dos ejemplos o variantes se pueden proponer como problema científico en este caso:

- *Se desconoce la vía por la que se puede determinar el momento oportuno para sustituir los elementos de máquina construidos con materiales que se encuentran sometidos a cargas por contacto, considerando la influencia de la microestructura.*

- *¿Cómo determinar cuál es el momento oportuno para sustituir los elementos de máquina construidos con materiales que se encuentran sometidos a cargas por contacto, considerando la influencia de la microestructura.?*

Aceptable parece ser **el objeto de investigación** o estudio, como también se le denomina a este aspecto en la literatura, sin embargo, es insuficiente en tanto deja fuera el estudio de las vías para determinar el momento oportuno en que se deben sustituir los elementos de máquinas construidos con materiales bajo cargas por contacto.

De acuerdo con esto, un <u>objeto de estudio</u> que enmarque las necesidades de los investigadores dentro de este tema, pudiera incluir:

El comportamiento de los materiales, bajo carga de contacto, considerando la influencia de la microestructura y las vías para determinar el momento oportuno en que se deben sustituir los elementos de máquinas construidos con materiales bajo cargas por contacto.

En correspondencia con el objeto de investigación planteado, el autor del trabajo sitúa el **campo de acción** en la modelación matemática asociada a dicho objeto, pero lo hace de manera estrecha, refiriéndose a "un modelo" y no a la modelación, como acción específica.

Visto así, el campo de acción pudiera expresarse como:

Análisis de los modelos matemáticos que permiten el estudio del comportamiento de los materiales sometidos a fatiga por contacto.

Un elemento crucial dentro del diseño e la investigación lo constituye el objetivo; hacia él se dirige el proceso investigativo, como puerto de destino, como meta principal a alcanzar.

Para el caso del ejemplo que se analiza, el **objetivo de la investigación** ciertamente ha sido expresado considerando los aspectos necesarios, pues precisa para qué se hace la investigación y la vía por la cual esa meta será alcanzada.

No obstante, la siguiente corrección incorpora detalles que pueden ayudar a precisar mejor lo que realmente se pretende lograr.

Elaborar un modelo matemático que permita la predicción de la vida útil de elementos de máquinas construidos con materiales sometidos a fatiga por contacto, teniendo en cuenta los parámetros físicos y geométricos de su microestructura y las cargas que actúan, a fin de precisar el momento oportuno para su sustitución.

En cuanto a la **hipótesis**, aunque presenta problemas en su redacción, ha sido concebida teniendo en cuenta los aspectos que indican o guían el proceder investigativo y por tanto hacia la solución del problema. No es la única, siempre es posible buscar otras también aceptables, pero debe ser redactada, por ejemplo, de la forma siguiente:

La elaboración de un modelo matemático que considere los parámetros: límite de fluencia, módulos de elasticidad de primer y segundo orden, coeficiente de Possion, carga actuante y la microestructura (magnitud del defecto), permite predecir el comportamiento de los materiales bajo cargas de contacto para determinar el momento oportuno en que debe efectuarse la sustitución de elementos de máquinas construidos con esos materiales.

Hablando en lenguaje figurado, es posible plantear que, si el «*objetivo*» es el puerto de destino de la investigación, la «*hipótesis*» es el plan de ruta a seguir, utilizando los conocimientos y recursos tecnológicos de la época, sin necesidad de andar a ciegas en la localización visual de los obstáculos que amenacen la navegación, hasta lograr localizar, en la distancia, el faro que anuncia la entrada al puerto buscado.

Un aspecto importante asociado a la hipótesis es el tratamiento de las variables. Aunque en el trabajo que estamos evaluando no se ha considerado este aspecto en la introducción, vale considerar en este comentario, a manera de ejemplo, las siguientes:

Variable dependiente	*Variable independiente (V.I)*	*Dimensiones de la V.I*
El momento oportuno para sustituir los elementos de máquinas construidos con materiales sometidos a cargas por contacto	*Modelo matemático para predecir el comportamiento de los materiales sometidos a cargas por contacto*	- *Variación de la carga*
		- *Variación de la geometría*
		- *Tipo de material para cada geometría*

En cada caso, las dimensiones consideradas tienen sus respectivos indicadores, y deben recibir el tratamiento matemático-estadístico que corresponde, pero ese contenido no es aspecto a considerar en el diseño teórico metodológico que se describe en la introducción del proyecto o tesis.

Establecidos ya en la planificación los elementos que precisan el problema de investigación, cuál es su objeto de estudio y campo de acción, cuál es el objetivo o meta concreta que nos proponemos alcanzar y tenemos una idea hipotética de cómo resolverlo, entonces es el momento de planificar las **tareas de investigación** que van a permitir alcanzar los resultados esperados.

En esencia, las tareas consideradas, derivadas esencialmente del objeto de estudio y de la hipótesis de trabajo planteada, abordan los aspectos fundamentales previstos para llevar a cabo el proceso investigativo.

En la ejecución de estas tareas se utilizan los **métodos de investigación** que a cada tarea corresponden. Ambos aspectos han sido considerados en la planificación realizada, pero se han omitido métodos que no pueden faltar en este caso. Al respecto vale señalar: ¿Cómo llevar a feliz término la creación de un modelo matemático, declarado como objetivo de esta investigación, sin emplear el *método de modelación*? ¿No se han realizado mediciones y ensayos? ¿No se han realizado observaciones? ¿No se han validado los resultados empleando cálculos matemáticos? Pues entonces se han aplicado *métodos teóricos métodos empíricos* y *métodos estadísticos*.

Por último, es importante agregar un señalamiento complementario. Estamos en presencia de un trabajo investigativo interesante, que en su versión final fue revisado por más de un especialista, entre tutores y miembros del tribunal calificador; y que independientemente de los señalamientos aquí realizados mereció para su autor, con honor, el título de ingeniero mecánico. Por eso, al realizar este análisis, se pone el énfasis en buscar adecuaciones, mejoras, que ayuden a clarificar las ideas que sustentan la investigación, es decir, ajustar su diseño teórico metodológico para eliminar las insuficiencias que inevitablemente suelen existir desde su génesis.

La planificación-ejecución de un proyecto de investigación en ingeniería, como hemos visto, es tarea bien compleja, que constituye un proceso de gestación, de maduración, que va conformándose en la propia dinámica del proceso investigativo, en la medida en que los participantes –se trate de un autor, en el caso de las tesis, o de un equipo- logren encaminar la obra según una concepción científica y flexible, que permita ir ajustando su desarrollo según las circunstancias lo determinen, pero sin perder su verdadera esencia, dada por el objetivo que se propone alcanzar.

ASPECTOS ORGANIZATIVOS DEL PIM I

Todo lo referente a los aspectos organizativos del PIM, forman parte de la planificación de la asignatura e incluye desde el proceso de organización y asignación de los temas de cada proyecto, hasta la definición de los objetivos y contenidos de las actividades lectivas que se programan en cada curso académico. Incluso, en los momentos de redactar este documento, aún quedan por definir algunos componentes de la concepción metodológica previstas para el desarrollo del PIM, como es, por ejemplo, la implementación de la plataforma Moodle como soporte fundamental sobre el que se producirá gran parte de la interacción entre profesores, tutores y estudiantes, durante el proceso docente asociado al PIM-I.

Por esa razón no es posible realizar una descripción detallada de los aspectos que para cada curso se planifiquen, pero si es factible destacar aquellas actividades que están concebidas para ser realizadas en las actividades lectivas del PIM, a través de las conferencias especializadas y los chequeos de la marcha del proceso docente.

Entre esas actividades, podemos provisionalmente enumerar las siguientes:

Primer semestre

1. Organización y orientaciones generales … (Conferencia)
2. Etapas en la planificación y desarrollo del PIM … (Conferencia)
3. Elaboración del marco teórico de la investigación … (Conferencia)
4. Interacción con bases de datos remotas y bibliotecas virtuales …(Conferencia)
5. El cronograma o plan de trabajo de la investigación (Conferencia)
6. Costos de ejecución de un proyecto … (Conferencia)
7. Ejemplos típicos de proyectos … (Conferencia por especialidades)
8. Chequeo parcial del estado de los proyectos – Intercambio con tutores

Segundo semestre

1. Herramientas informáticas para la planificación del proyecto … (Conferencia)
2. Empleo de normas técnicas y documentación de proyectos … (Conferencia)
3. Protección del medio ambiente … (Conferencia)
4. La ingeniería concurrente … (Conferencia)
5. Escritura de artículos e informes técnicos … (Conferencia)
6. Comunicación oral de resultados … (Conferencia)
7. Chequeo final y entrega del proyecto … Actividad con tutores
8. Actividad de defensa del proyecto … Actividad final ante los tribunales del PIM

Otros aspectos de interés serán puestos en conocimiento de los estudiantes durante la marcha del proceso docente.

……………………………………………

Diplomado en
Nuevas soluciones para la generación eléctrica

Asignatura

Metodología de la investigación Tecnológica

Conferencia 3

Investigación Tecnológica e Innovación

Profesores:

Dra. Mª Cristina Pérez Lazo de la Vega
Dr. Francisco Acosta Ruiz

Facultad de Ingeniería Mecánica
CUJAE

Sumario

- La investigación tecnológica. Generalidades.

- Invención, diseño e innovación.

- La innovación tecnológica. Aspectos relevantes.

Objetivo

Analizar características fundamentales y etapas de la investigación tecnológica para la elaboración de una investigación de este tipo, a partir de los fundamentos teóricos y metodológicos que la sustentan.

Bibliografía - Complementaria al tema

- **Manual de Oslo**. (2006). Organización de cooperación y desarrollo económico - OCDE,).
- **Manual de Bogotá**. Red Iberoamericana de Indicadores de Ciencia y Tecnología, (2001).
- **Innovación, modelos y metodologías.** Presentación anónima. Universidad de Puebla. Universidad Politécnica San Luís Potosí. (s/f).
- **Malaver, F y Vargas, M. (2007).** Los indicadores de innovación en América Latina: nuevos avances y desafíos. VII Congreso Iberoamericano de Indicadores de Ciencia y Tecnológia. Brasil.
- **Echeverría, J. (2010).** «*El debate: Innovación sin Ciencia*». Revista Iberoa Americana de Ciencia, Tecnología y Sociedad.

La investigación tecnológica

- Generalidades
- Rasgos
- Variables relevantes
- Modalidades

Investigación Tecnológica

- **La investigación tecnológica tiene como fin <u>obtener un conocimiento práctico</u> para lograr <u>modificar la realidad</u> objeto de estudio.**

- **Los conocimientos resultantes, establecen con detalle:**
  - Acciones
  - Requisitos
  - Características
  - Materiales
  - Costos
  - Participantes
  - Responsables
  - Métodos y demás circunstancias

Describen el QUÉ y el CÓMO (KNOW HOW)

Por tanto,

En una <u>investigación tecnológica</u> lo relevante es obtener una aplicación práctica del saber para alcanzar, de la mejor manera posible, los objetivos deseados.

Tipos de conocimiento	Características generales
Empírico	Saber individual de carácter intuitivo que se obtiene en la práctica
Técnico	Saber que incluye acciones que tienen validez y se obtienen y prueban a través de la práctica
Científico	Constituyen datos racionales, explicativos, metódicos, sustentados y objetivos que explican la realidad.
Tecnológico	Saber con sólida fundamentación científica y brinda información de carácter operativo

Relación entre ciencia y tecnología

AMBAS SON FORMAS ORGANIZADAS DEL CONOCIMIENTO PERO CON FINES DIFERENTES

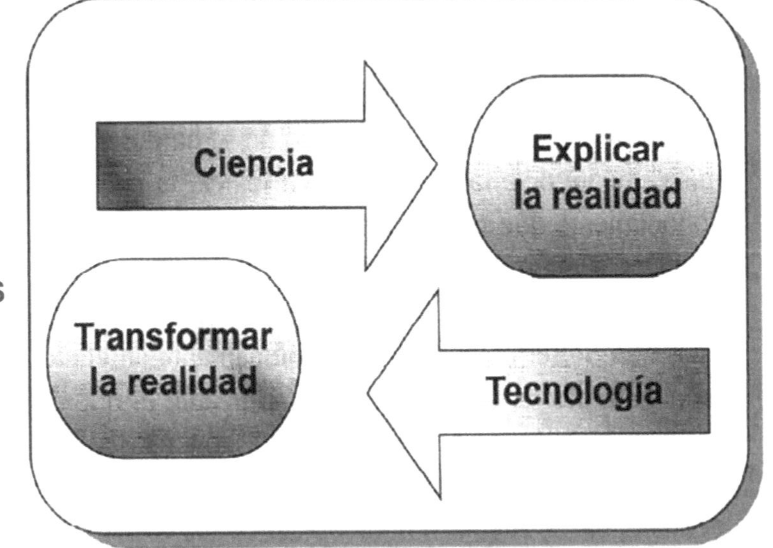

(García-Córdoba, F, 2005).

Relación entre investigación científica y tecnológica

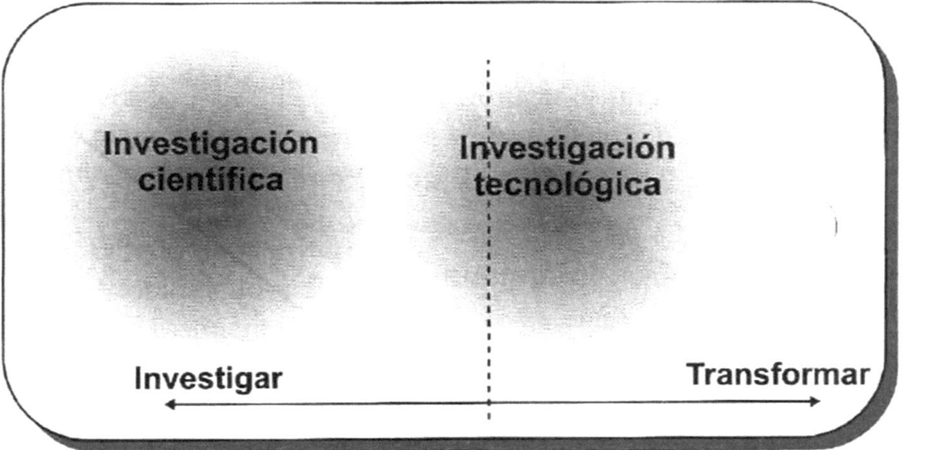

Metodología de la Investigación Tecnológica

RASGOS QUE DIFIEREN EN UNA INVESTIGACIÓN TECNOLÓGICA

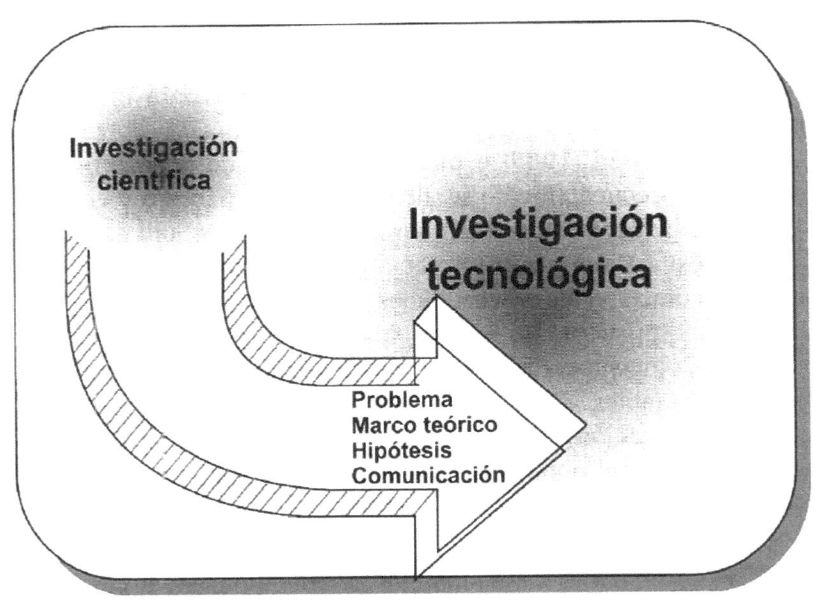

VARIABLES RELEVANTES (o colaterales)
(David Ziman Bronson (1986)

- **Tiempo** - Condiciona la solución de un problema. Solución tardía no es solución.

- **Costo** - Mayor costo, menor eficiencia, rentabilidad y competitividad.

- **Cliente** - La satisfacción de todos los implicados es importante, incluyendo jefes, participantes y usuarios

- **Acceso a la información** – Se necesitan búsquedas eficientes, datos confiables.

- **Riesgo** - Todo cambio implica reconocer y evaluar los riesgos de forzar el estado actual de cosas.

- **Calidad** – Solucionar un problema demanda métodos competitivos.

- **Cambio** - No percatarse de que la realidad cambia es un error.

MODALIDADES DE LA INVESTIGACIÓN TECNOLÓGICA

- **Conforme al uso de la información**
- **Conforme al tipo de conocimiento que se genera**

MODALIDADES ...
Conforme al uso de la información

- **Pura**

  CIENTÍFICA O BÁSICA.
  Se obtienen resultados **sin determinar previamente** la utilidad práctica.

- **Aplicada**

  Aplica los conocimientos y descubrimientos de la investigación pura. Es la que se realiza **en universidades y laboratorios**, lejos del lugar donde ocurren los hechos.

- **Tecnológica**

  Búsqueda de conocimientos de carácter operativo, **para beneficio de sectores de extracción, transformación o servicios**. Se concreta en una innovación.

- **Desarrollo**

  Estudia **la adopción generalizada** de soluciones específicas que aporta la investigación tecnológica.

Metodología de la Investigación Tecnológica

MODALIDADES …
Conforme al tipo de conocimiento que se genera

- **Adaptativa**

  Implementar soluciones que ya existen y que han sido aplicadas con éxito en otras situaciones.

- **Incremental**

  Explotación inteligente del conocimiento científico y tecnológico existente, del que se desprende una nueva forma de hacer las cosas. Creación. No nuevo conocimiento.

- **Crítica**

  Creación de nuevo conocimiento tecnológico. Se genera una invención o descubrimiento con aplicación útil desconocida.

- **Fundamental**

  Se obtiene un conocimiento científico nuevo para el sector y el mundo en general.

Desarrollo de una tecnología
Curva en "S"

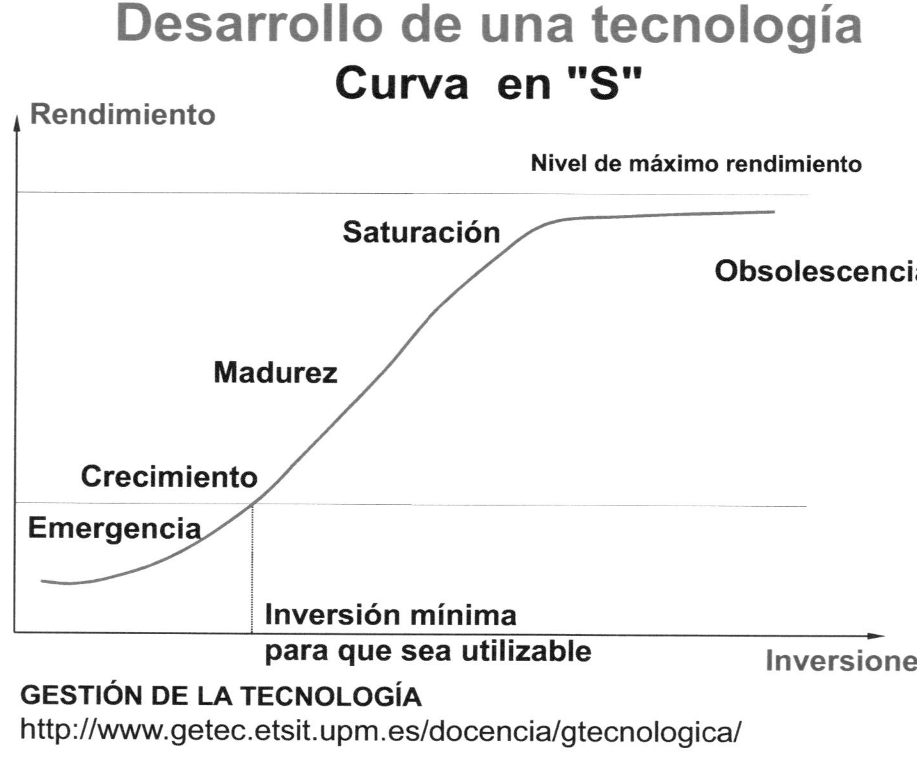

GESTIÓN DE LA TECNOLOGÍA
http://www.getec.etsit.upm.es/docencia/gtecnologica/

Desarrollo de una tecnología
Curva en "S"

http://www.getec.etsit.upm.es/docencia/gtecnologica/

Podemos diferenciar cinco fases:

Emergente. La tecnología parece prometedora .

Crecimiento. La tecnología va madurando.

Madurez. Ha alcanzado su nivel de rendimiento adecuado.

Saturación. No es posible mejorar más su rendimiento.

Obsolescencia. Tras un periodo en saturación, la tecnología se hace obsoleta. Otra tecnología competidora la convierte en perdedora.

Tecnología como proceso

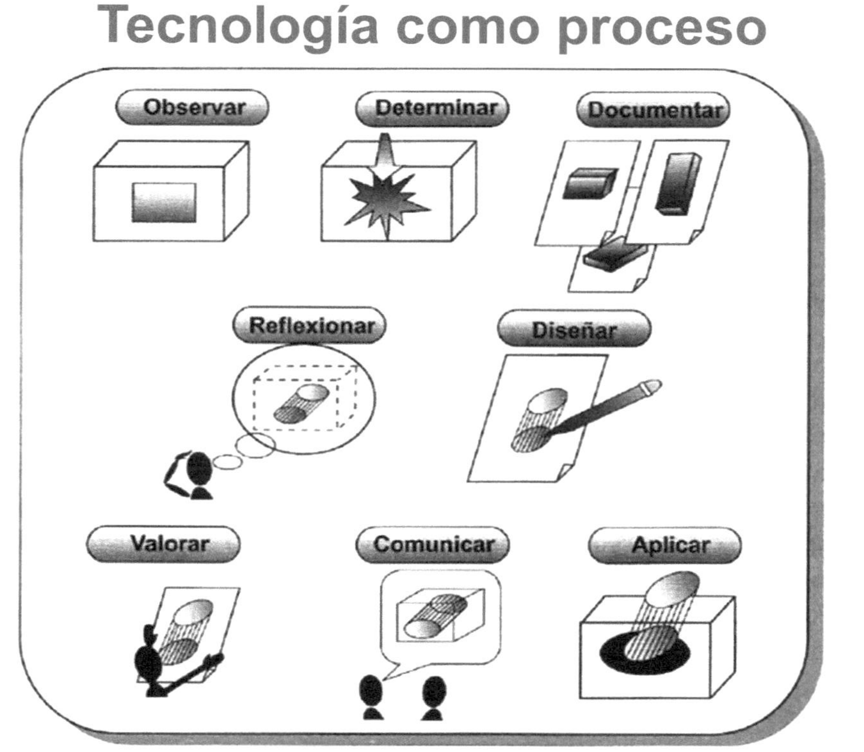

García-Córdoba, F. (2005). La investigación Tecnológica.

LA INVESTIGACIÓN TECNOLÓGICA INCORPORA LA LÓGICA DE:

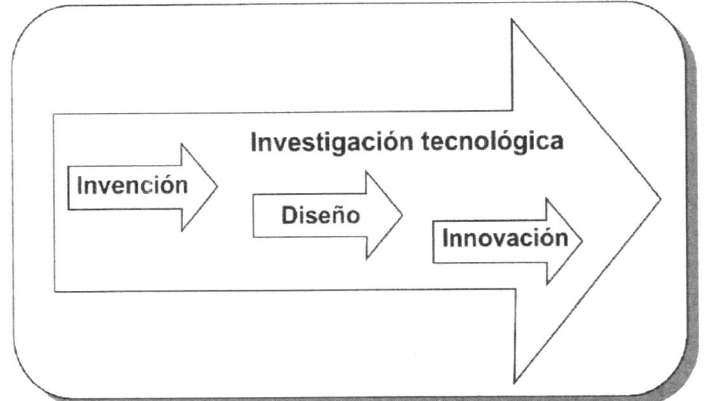

Tomado de García-Córdoba, F. (2005). La investigación Tecnológica.

Su carácter es más creativo que cognoscitivo, más ingenieril ...

La invención

¿Y la razón?
¿Qué es la razón?
La razón, si es algo,
es la capacidad para crear …

JORGE WAGENSBERG

García-Córdoba, F. (2005). La investigación Tecnológica.

¿DESCUBRIMIENTO O INVENCIÓN?

Szent-Györgyi

Descubrimiento es ver lo que ha visto todo el mundo y pensar lo que nadie ha pensado.

Dr. Albert von Szent-Gyorgyi
Premio Nobel por la Vitamina C,
1934

LA INVENCIÓN: Idea, Proceso, Producto

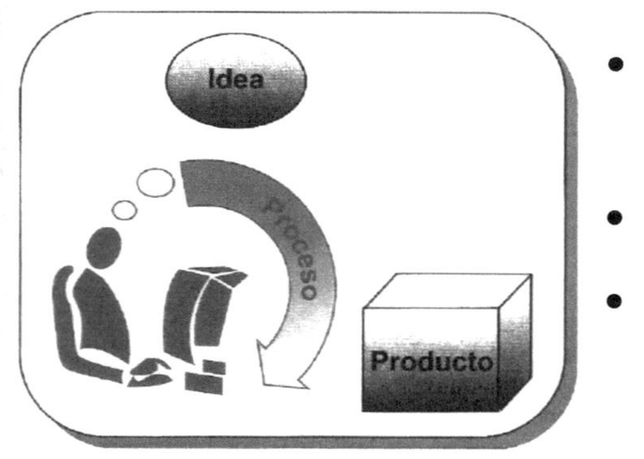

- La novedad es la virtud fundamental.
- Es incierta su aplicación.
- Determinar su uso supone a menudo otra invención.

Desde la aparición del invento hasta su aplicación y desarrollo comercial, no cesarán los esfuerzos para que evolucione, hasta que pueda considerarse una innovación.

Tomado de García-Córdoba, F. (2005). La investigación Tecnológica.

EL INVENTOR

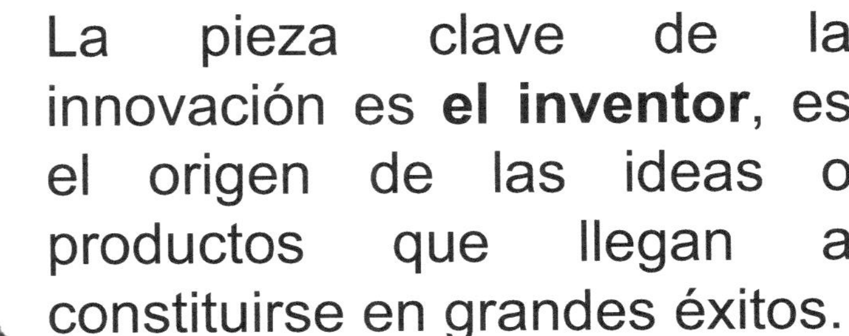

La pieza clave de la innovación es **el inventor**, es el origen de las ideas o productos que llegan a constituirse en grandes éxitos.

Se le conceptúa como alguien que se preocupa de su idea, dejando en segundo término al mercado, los costos y los procesos de producción en serie.

Tomado de García-Córdoba, F. (2005). La investigación Tecnológica.

EL INVENTOR (Clásico)

El inventor es alguien que frecuentemente **trabaja solo**, y tiene dificultades para elegir colaboradores en áreas que él no domina.

En general **NO** son personas con capacidad para escoger estrategias de fabricación masiva correctas, resolver los problemas de gestión y, menos aún para determinar aspectos financieros.

García-Córdoba, F. (2005). La investigación Tecnológica.

Pero...

Si no hay quienes lo ubiquen continuará considerando que todos comparten la opinión de que su producto es vital y se venderá por sí solo, sin necesidad de nada más.

García-Córdoba, F. (2005). La investigación Tecnológica.

Relación
Ingenio – Tecnología

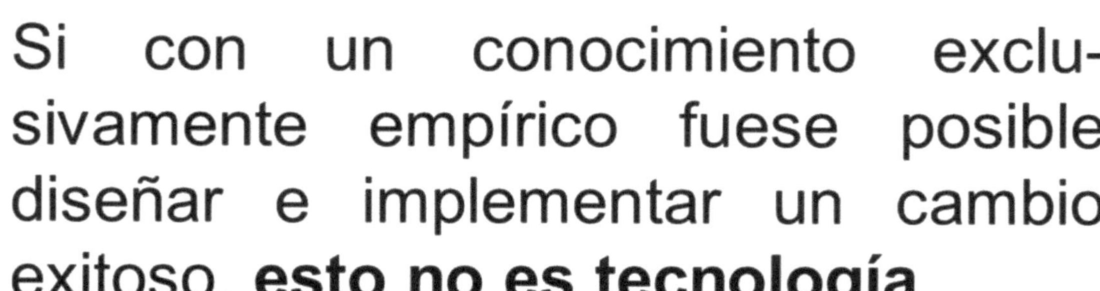

Si con un conocimiento exclusivamente empírico fuese posible diseñar e implementar un cambio exitoso, **esto no es tecnología**.

Relación Ingenio – Tecnología

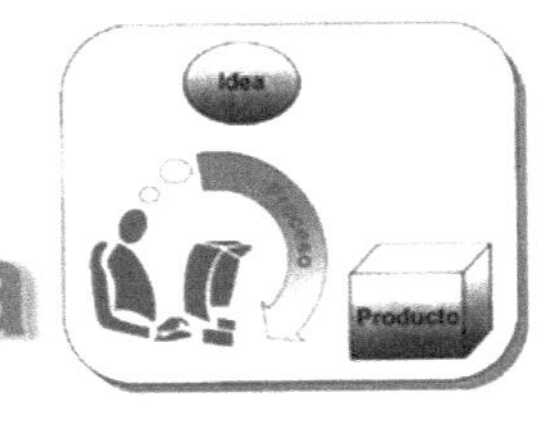

Resolver situaciones solo con ingenio NO ES un proceder tecnológico ni profesional. En lo tecnológico es forzoso incorporar **el conoci-miento científico y/o tecnológico**.

Relación Ingenio – Tecnología 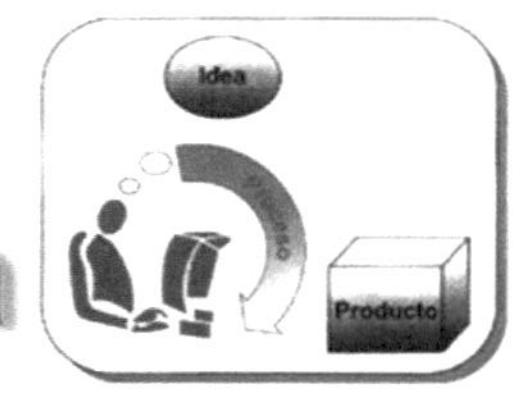

Las empresas que prefieren las soluciones empíricas a las respuestas tecnológicas **se estancan** y solo sobrevivirán quién sabe hasta cuándo.

García-Córdoba, F. (2005). La investigación Tecnológica

Etapas del proceso de invención

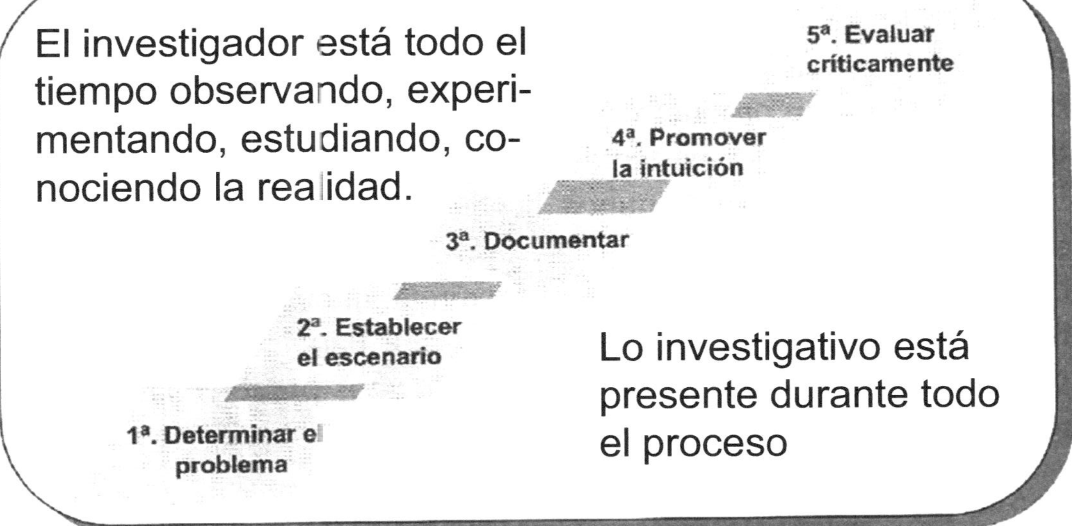

García-Córdoba, F. (2005). La investigación Tecnológica.

EL DISEÑO

Diseñar es imaginar y especificar cosas que no existen, casi siempre para traerlas al mundo.

Clive L. D. y M. Patrick Little

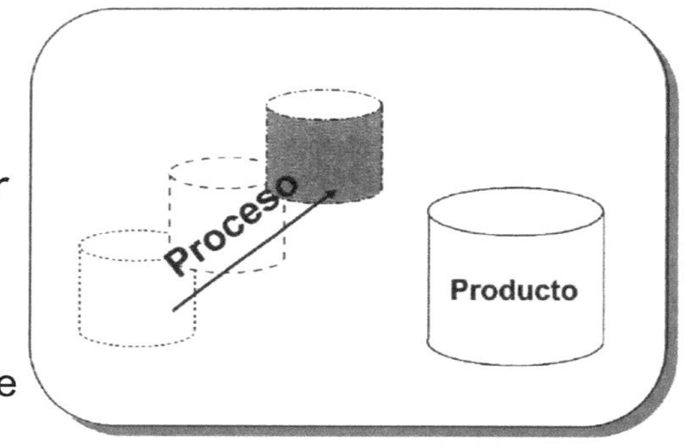

Diseñar es

...un proceso integral que permite planear y desarrollar productos tangibles e intangibles, es un proceso de pensamiento que es propio de los individuos que dentro de la sociedad tienen la función de cambiar el entorno material

(Jiménez Narváez, 2001:37)

EL DISEÑO
Dificultades sustantivas e interactivas

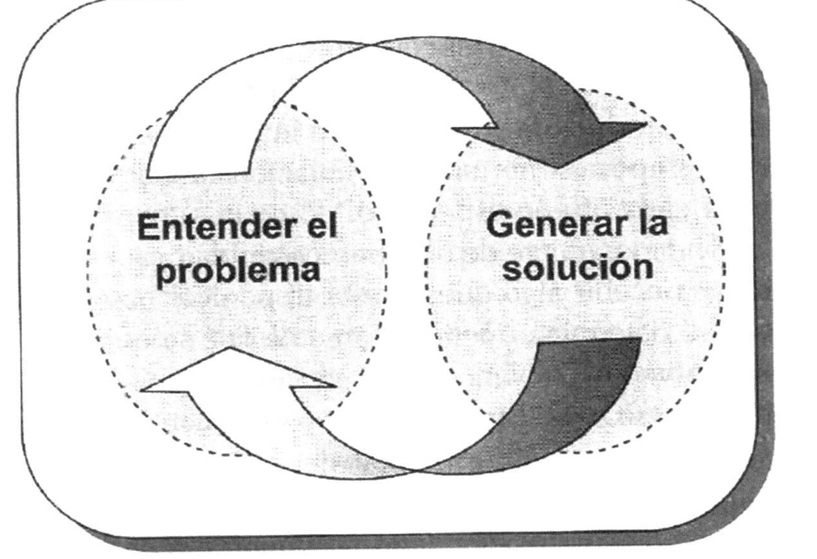

García-Córdoba, F. (2005). La investigación Tecnológica.

Metodología de la Investigación Tecnológica

Modelo complejo del proceso de diseño

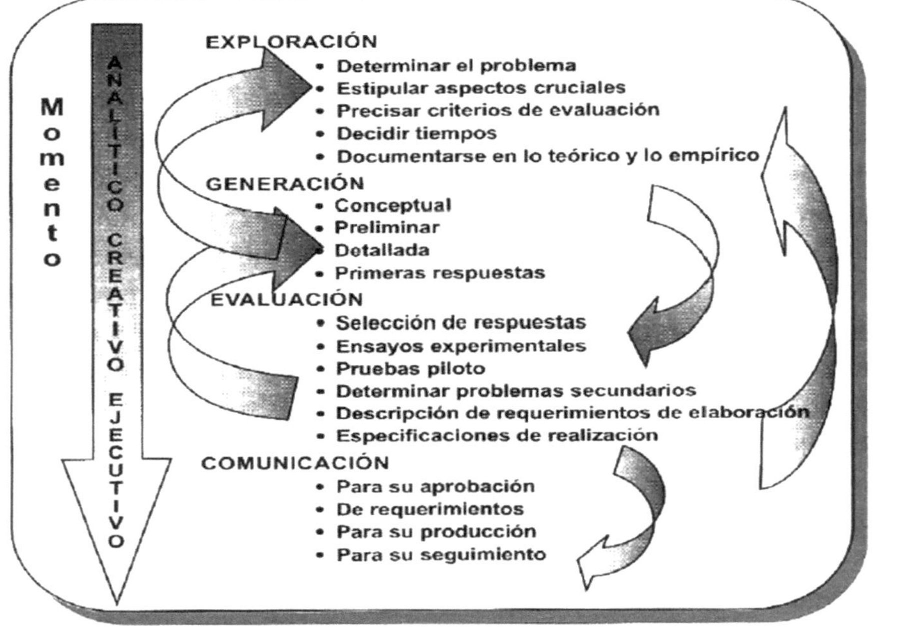

García-Córdoba, F. (2005). La investigación Tecnológica.

Modelo de diseño enfocado en la relación PROBLEMA - SOLUCIÓN

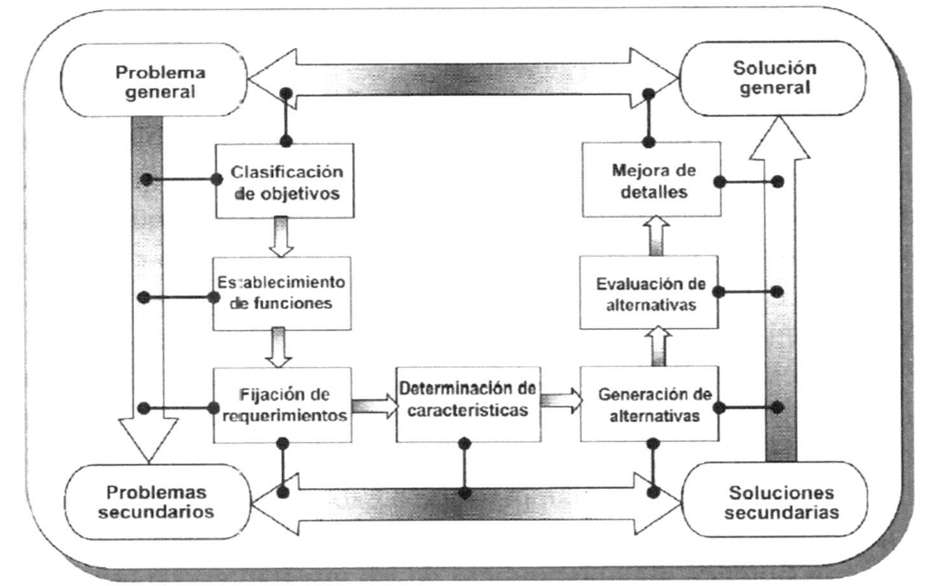

García-Córdoba, F. (2005). La investigación Tecnológica.

Planos de la investigación tecnológica

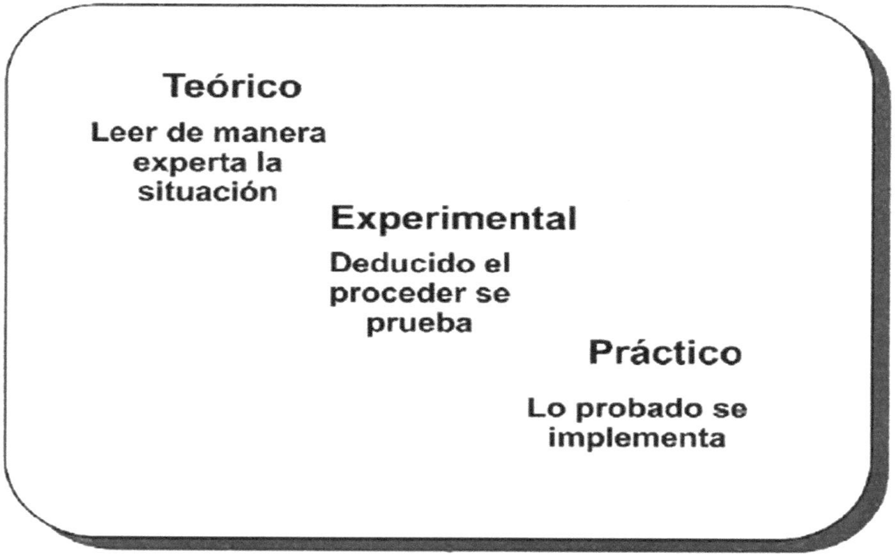

García-Córdoba, F. (2005). La investigación Tecnológica.

Etapas de la investigación tecnológica

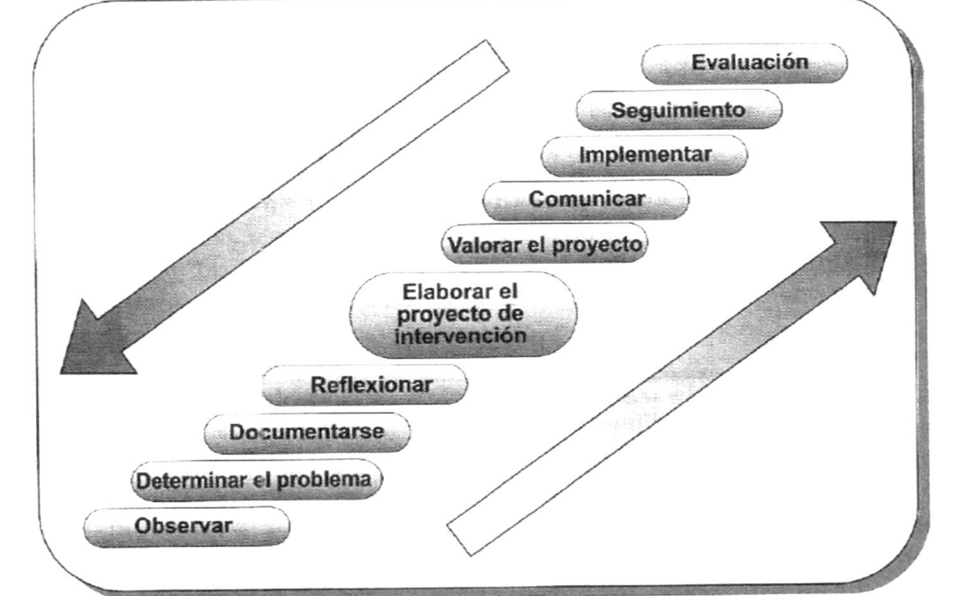

García-Córdoba, F. (2005). La investigación Tecnológica.

"Cada vez se vuelve más evidente que la innovación no se encuentra en los dispositivos, sino en los espacios sociales que los rodean, en donde las personas y sus ideas se encuentran e interactúan",

Mark Dean, ingeniero de IBM
Diseñador de la primera PC
2 de agosto de 2011

La innovación tecnológica

«La innovación es un proceso continuo. Las empresas, de forma continua, efectúan cambios en los productos, los procesos, captan nuevos conocimientos (…)»

(Manual de Oslo, 2006:21)

Metodología de la Investigación Tecnológica

Concepto de INNOVACIÓN

(Según el Manual de Oslo – 3ra. Edición, 2006)

Una innovación es la introducción de un nuevo, o significativamente mejorado, producto (bien o servicio), de un proceso, de un nuevo método de comercialización o de un nuevo método organizativo, en las prácticas internas de la empresa, la organización del lugar de trabajo, o las relaciones exteriores.

(Manual de Oslo, 2006:56)

LA INNOVACIÓN

Proceso integrado por el conjunto de actividades inscritas en un determinado tiempo y lugar, que llevan a introducir con éxito en el mercado una idea en forma de: nuevos productos, procesos, servicios, técnicas, gestión y organización etc. Es un modo distinto de hacer las cosas, producto de nuevas combinaciones, que influye significativamente en lo económico y que generalmente se vincula al ámbito de la producción.

Otra definición

(Benavides, C. 1998)

Referenciado por (García, F. 2005:182)

Tipos de innovación

(Según el Manual de Oslo – 3ra. Edición, 2006)

- **De productos.** Introducción de un bien o producto nuevo o significativamente nuevo.

- **De procesos.** Introducción de un nuevo o significativamente nuevo proceso de producción.

- **De mercadotecnia.** Nuevo método de comercialización,. Cambios del diseño o embazado de productos, su posicionamiento o promoción

- **De organización.** Nuevo método organizativo o de relaciones entre empresas.

(Manual de Oslo, 2006:58)

Innovación: Introducción de una técnica, producto o proceso de producción o de distribución de nuevos productos; es un proceso que con frecuencia puede ser seguido de un proceso de difusión. Existen, al menos dos grandes categorías: innovación del producto o innovación del proceso (método de producción). Frecuentemente implica desplazarse de una invención a su utilización práctica comercial; aquellas invenciones que son introducidas dentro de un sistema regular de producción o distribución de bienes y servicios constituyen invenciones técnicas'; si bien las invenciones no son la única fuente de innovación desde un punto de vista económico. La fuente de innovación, a grandes rasgos, puede ser de dos clases: *(a)* modelos lineales-secuenciales: impulsada por el descubrimiento (descubrimientos previos en ciencia o tecnología) y *(b)* jalada por la demanda: demanda del mercado, evaluación gerencial de necesidades en prospecto.

***Eduardo Martínez**, "Planificación y gestión de ciencia y tecnología (glosario)"*, *Estrategias, planificación y gestión de la ciencia y tecnología, CEPAL-ILPES, UNESCO, UNU, CYTED-D, Editorial Nueva Sociedad, Caracas, 1993*

Diferencias entre
INVENCIÓN, DISEÑO E INNOVACIÓN

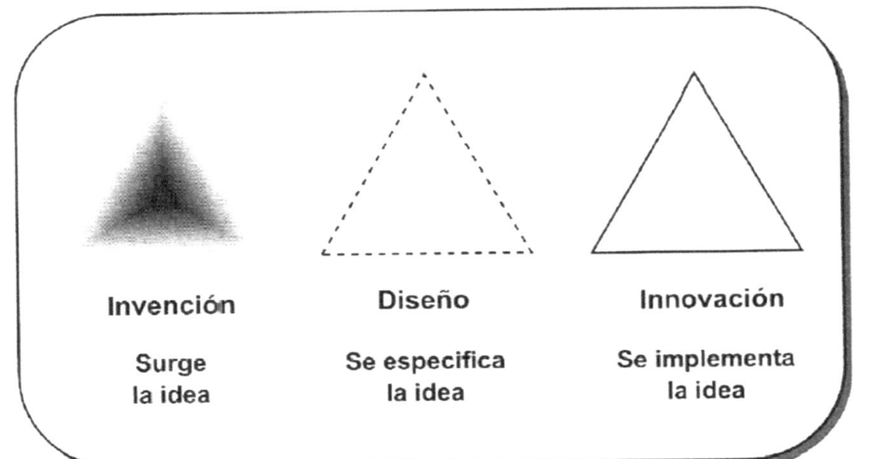

García-Córdoba, F. (2005). La investigación Tecnológica.

Metodología de la Investigación Tecnológica

EJECUTORES

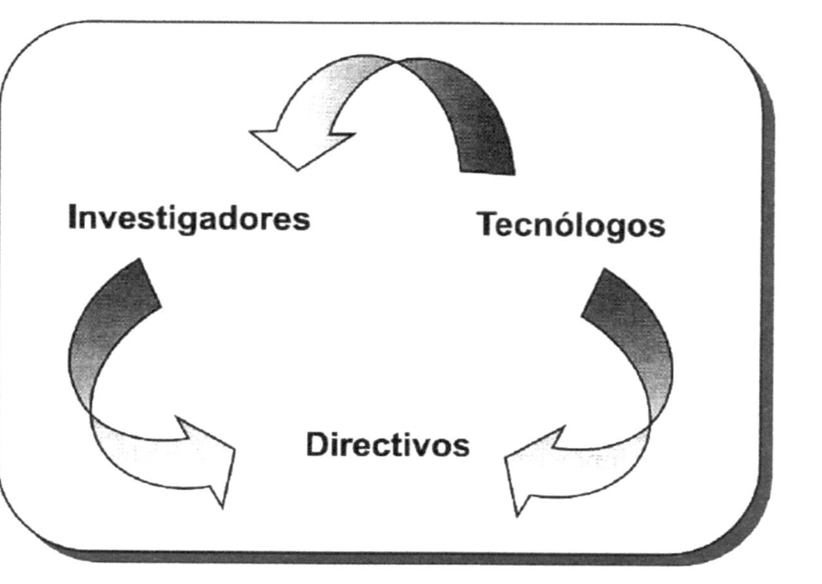

García-Córdoba, F. (2005). La investigación Tecnológica.

Agentes que intervienen en una innovación

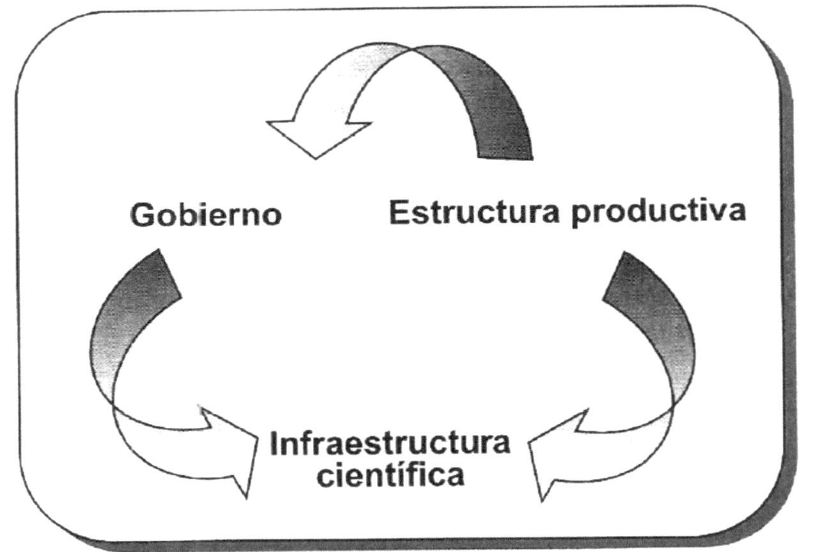

García-Córdoba, F. (2005). La investigación Tecnológica.

Clave la innovación

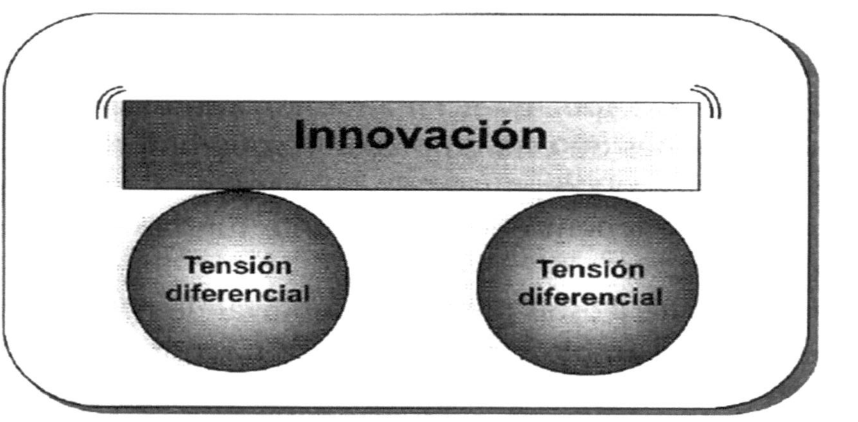

García-Córdoba, F. (2005). La investigación Tecnológica.

Una tensión diferencial es el resultado de un desacuerdo con lo que acontece. Cuando ocurre provoca un impulso creador deseoso de generar alternativas (cambios inicialmente conceptuales) y tiene como origen la percepción de un desajuste entre lo que se desea y lo que se tiene, ocurre o se hace, sensación que impulsa a realizar algo (De la Torre, 1997).

Motores de la innovación

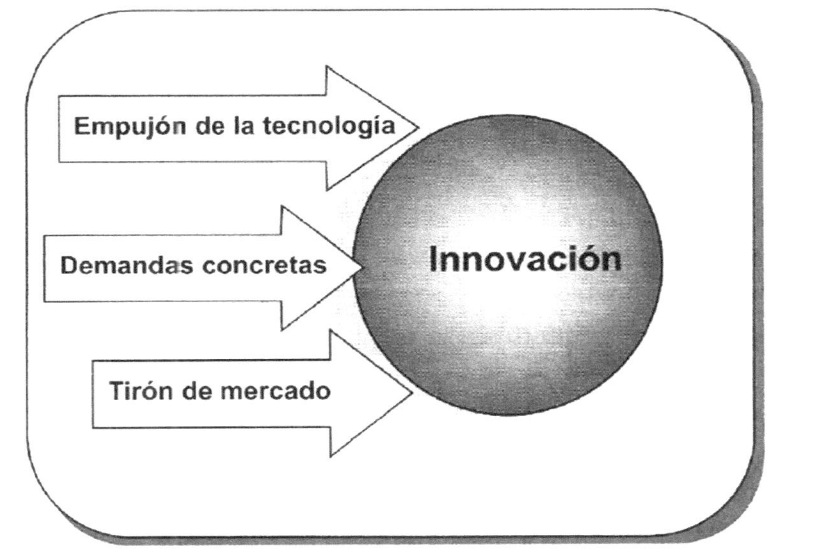

García-Córdoba, F. (2005). La investigación Tecnológica.

Planos del proceso de innovación

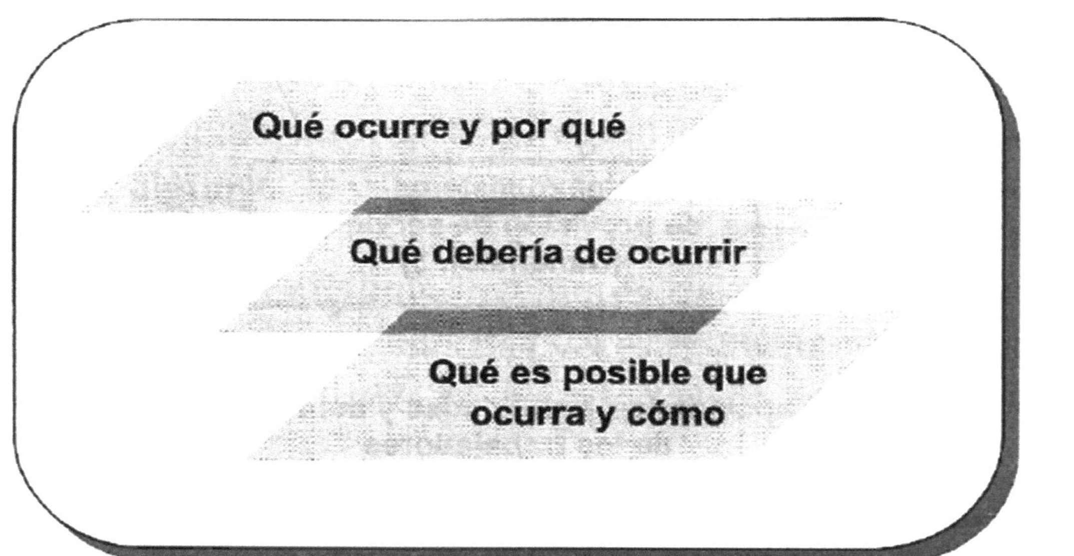

García-Córdoba, F. (2005). La investigación Tecnológica.

INNOVACIÓN:
paso de un estado a otro

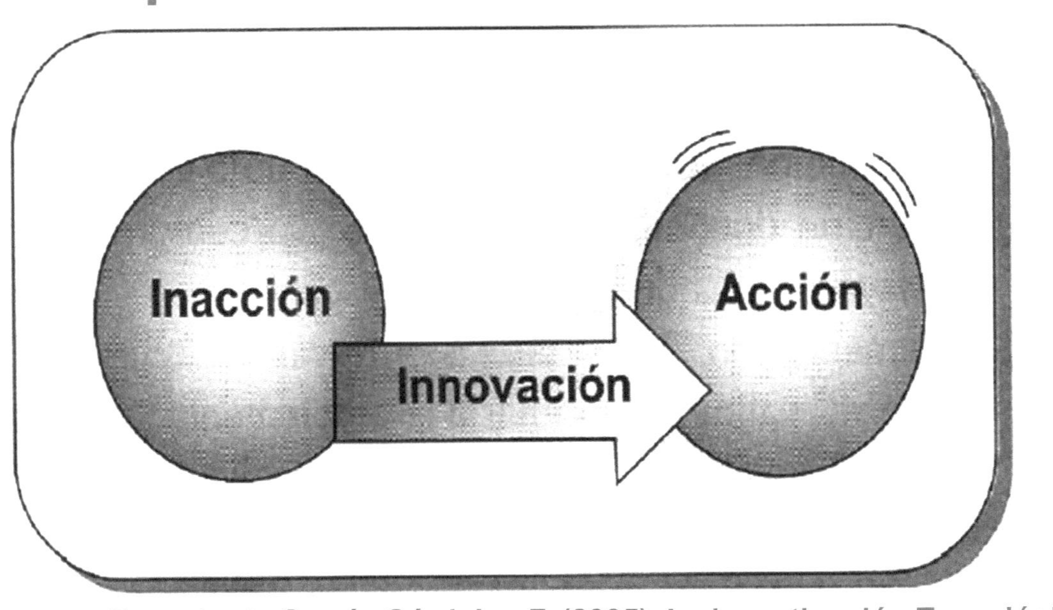

Tomado de García-Córdoba, F. (2005). La investigación Tecnológica.

Modelos de innovación tecnológica

- **Caja negra** (black box model)
- **Modelo Lineal**
- **Modelo interactivo**
- **Modelo sistémico**
- **Modelo productivo- (regional)**
- **Modelos evolucionados**
- **Modelo de gestión económica**
- **Metodología CIDER**
- **Modelo TRIZ**

Para ampliar sobre Modelos de Innovación ver:
"Modelos y metodologías de innovación"

Modelo TRIZ

Se basa en la hipótesis de que hay principios universales de creatividad que son la base para innovaciones creativas que hacen que la tecnología avance

"Alguien en algún lugar ya ha resuelto este problema (o uno muy similar a él). La creatividad es ahora encontrar esa solución y adaptarla a este problema en particular".

Puntos de atención para que una invención devenga en innovación

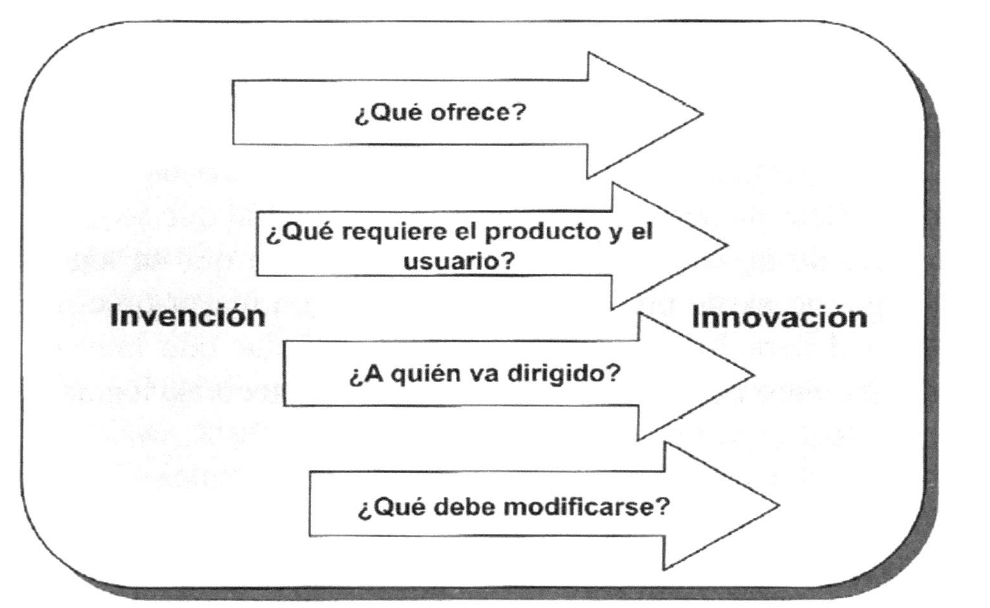

García-Córdoba, F. (2005). La investigación Tecnológica.

CONCLUSIONES

- Se analizan los aspectos que caracterizan a la Investigación Tecnológica, con énfasis en la relación Ciencia-Tecnología, las modalidades y la lógica de investigación que relaciona la invención, el diseño y la innovación.

- Se analizan los principales aspectos relacionados con la innovación tecnológica y se destacan los aspectos directamente relacionados con su génesis, tales como: los agentes que intervienen, los motores de la innovación y los modelos de innovación registrados en la literatura especializada,

Fin de la presentación teórica

OPINIONES

(Criterios sobre el contenido, dudas, recomendaciones, etc.)

facostaruiz82@gmail.com

FIN

TABLA RESUMEN DE LAS INTERROGANTES QUE RESPONDEN LAS ETAPAS DEL PROYECTO

Etapas del proyecto	Interrogantes
Título	¿Qué estudiar?
Antecedentes y estado actual de la temática	¿Quiénes han investigado anteriormente sobre la temática planteada?
Hipótesis	¿Qué se pretende probar?
Objetivos	¿Qué propósitos tienen la investigación que se plantea?
Resultados	¿Qué beneficios se esperan alcanzar?
Aspectos metodológicos	¿Cómo se va a realizar la investigación?
Cronograma	¿Qué tiempo va a emplear en hacer la investigación?
Presupuesto	¿Qué recursos se necesitan?
Estudio de mercado	¿Quiénes son los principales usuarios de la investigación?
Análisis económico y financiero	¿Cuáles son las ventajas finales de la investigación?

PARTES DE UN PROTOCOLO

No.	Protocolo de proyecto
1	Cubierta
2	Portada
3	Resumen
4	Índice
5	Antecedentes
6	Estado actual de la temática
7	Hipótesis
8	Objetivos
9	*Resultados esperados*
10	Planteamiento metodológico
11	Planificación de las actividades
11	Recursos y presupuesto
12	Aspectos económicos
13	Bibliografía
14	Anexos

AUTORES

Esta guía metodológica ha sido redactada por:
- Dr. Francisco Acosta Ruiz
- Dra. María Cristina Pérez Lazo de la Vega
- Dr. Melchor Rodríguez Madrigal †

No podemos dejar de lamentar la ausencia del profesor Melchor Rodríguez Madrigal, fallecido por enfermedad en momentos en que su vida profesional daba sus mejores frutos, obteniendo por el trabajo realizado en el diseño de los nuevos planes de estudio de la Carrera de Ingeniería Mecánica, el Premio que otorga el Ministro de la Educación Superior en Cuba.

Al producirse su fallecimiento, el profesor Melchor fungía como Presidente de la Comisión Nacional de la Carrera de Ingeniería Mecánica.

BIBLIOGRAFÍA

- Rodríguez Madrigal, Melchor y otros (2012). Modificaciones al plan de estudios "D" de Ingeniería Mecánica. Colectivo de Carrera de Ingeniería Mecánica. Cujae.

- García-Córdoba, Fernando (2005). La investigación tecnológica: Investigar, idear e innovar en ingenierías y ciencias sociales. Editorial LIMUSA. México.

- Hernández Sampieri, Roberto y otros. Metodología de la Investigación Científica. Editorial McGraw-Hill. México. 1997.

- Mondeja & Zumalacárregui (1998). Proceso de investigación científica. Facultad de Ingeniería Química, Cujae. (Versión digital).

- Llanes Santiago, Orestes (2009). Seminario sobre formato y expediente de un proyecto de investigación. Presentación PPT, Cujae.

- Ejemplos de diseños de investigación. Maestrías en Ingeniería Mecánica, Mantenimiento y Energía. Trabajos presentados en la asignatura Metodología de la Investigación Científica. Facultad de Ingeniería Mecánica. Cujae,

- **BLIOGRAFÍA COMPLEMENTARIA RECOMENDADA**

- Sapag Chain, Nassir (2000). Preparación y evaluación de proyectos. 4ª edición. McGRAW-HILLINTERAMERICANA DE CHILE LTDA.Impreso en Chile.

- Domínguez Granda, Julio (2007). Dinámica de Tesis. Elaboración y ejecución de proyectos. Universidad los Ángeles de Chimbote, Perú.

I want morebooks!

Buy your books fast and straightforward online - at one of world's fastest growing online book stores! Environmentally sound due to Print-on-Demand technologies.

Buy your books online at
www.morebooks.shop

¡Compre sus libros rápido y directo en internet, en una de las librerías en línea con mayor crecimiento en el mundo! Producción que protege el medio ambiente a través de las tecnologías de impresión bajo demanda.

Compre sus libros online en
www.morebooks.shop

KS OmniScriptum Publishing
Brivibas gatve 197
LV-1039 Riga, Latvia
Telefax: +371 686 204 55

info@omniscriptum.com
www.omniscriptum.com

Printed by Books on Demand GmbH, Norderstedt / Germany